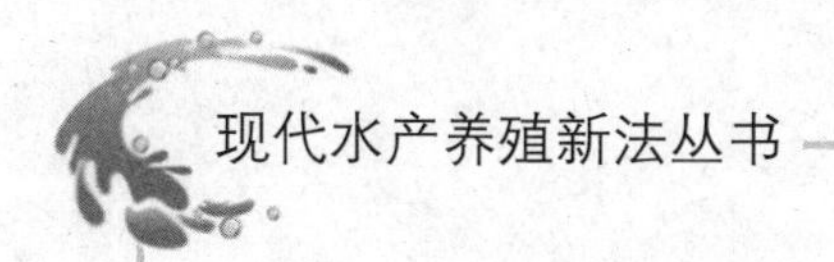
现代水产养殖新法丛书

南美白对虾高效养殖模式攻略

文国樑 主编

XIANDAI SHUICHAN YANGZHI XINFA CONGSHU

中国农业出版社

《现代水产养殖新法丛书》编审委员会

本书编写人员

主　编　文国樑（中国水产科学研究院南海水产研究所）

副主编　杨　铿（中国水产科学研究院南海水产研究所）

　　　　李卓佳（中国水产科学研究院南海水产研究所）

编著者　（以编写内容前后为序）

　　　　文国樑（中国水产科学研究院南海水产研究所）

　　　　杨　铿（中国水产科学研究院南海水产研究所）

　　　　李卓佳（中国水产科学研究院南海水产研究所）

　　　　曹煜成（中国水产科学研究院南海水产研究所）

　　　　胡晓娟（中国水产科学研究院南海水产研究所）

　　　　张家松（中国水产科学研究院南海水产研究所）

　　　　冷加华（中国水产科学研究院南海水产研究所）

　　　　杨道伟（中国水产科学研究院南海水产研究所）

　　　　杨莺莺（中国水产科学研究院南海水产研究所）

序

经过改革开放30多年的发展，我国水产养殖业取得了巨大的成就。2013年，全国水产品总产量6 172.00万吨，其中，养殖产量4 541.68万吨，占总产量的73.58%，水产品总产量和养殖产量连续25年位居世界首位。2013年，全国渔业产值10 104.88亿元，渔业在大农业产值中的份额接近10%，其中，水产养殖总产值7 270.04亿元，占渔业总产值的71.95%，水产养殖业为主的渔业在农业和农村经济的地位日益突出。我国水产品人均占有量45.35千克，水产蛋白消费占我国动物蛋白消费的1/3，水产养殖已成为我国重要的优质蛋白来源。这一系列成就的取得，与我国水产养殖业发展水平得到显著提高是分不开的。一是养殖空间不断拓展，从传统的池塘养殖、滩涂养殖、近岸养殖，向盐碱水域、工业化养殖和离岸养殖发展，多种养殖方式同步推行；二是养殖设施与装备水平不断提高，工厂化和网箱养殖业持续发展，机械化、信息化和智能化程度明显提高；三是养殖品种结构不断优化，健康生态养殖逐步推进，改变了以鱼类和贝、藻类为主的局面，形成虾、蟹、鳖、海珍品等多样化发展格局，同时，大力推进健康养殖，加强水产品质量安全管理，养殖产品的质量水平明显提高；四是产业化水平不断提高，养殖业的社会化和组织化程度明显增强，已形成集良种培养、苗种繁育、饲料生产、机械配套、标准化养殖、产品加工与运销等一体的产业群，龙头企业不断壮大，多种经济合作组织不断发育和成长；五是建设优势水产品区域布局。由品种结构调整向发展特色产业转变，推动优势产业集群，形成因地制宜、各具特色、优势突出、结构合理的水产养殖发展布局。

当前，我国正处在由传统水产养殖业向现代水产养殖业转变的重要发展机遇期。一是发展现代水产养殖业的条件更加有利。党的十八大以来，全党全社会更加关心和支撑农业和农村发展，不断深化农村改革，完善强农惠农富农政策，“三农”政策环境预期向好。国家加快推进中国特色现代农业建设，必将给现代水产养殖业发展从财力和政策上提供更为有力的支持。二是发展现代水产养殖业的要求更加迫切。“十三五”时期，随着我国全面建设小康社会目标的逐步实现，人民生活水平将从温饱型向小康型转变，食品消费结构将更加优化，对动物蛋白需求逐步增大，对水产品需求将不断增加。但在工业化、城镇化快速推进时期，渔业资源的硬约束将明显加大。因此，迫切需要发展现代水产养殖业来提高生产效率、提升发展质量，“水陆并进”构建我国粮食安全体系。三是发展现代水产养殖业的基础更加坚实。通过改革开放30多年的建设，我国渔业综合生产能力不断增强，良种扩繁体系、技术推广体系、病害防控体系和质量监测体系进一步健全，水产养殖技术总体已经达到世界先进水平，成为世界第一渔业大国和水产品贸易大国。良好的产业积累为加快现代水产养殖业发展提供了更高的起点。四是发展现代水产养殖业的新机遇逐步显现，“四化”同步推进战略的引领推动作用将更加明显。工业化快速发展，信息化水平不断提高，为改造传统水产养殖业提供了现代生产要素和管理手段。城镇化加速推进，农村劳动力大量转移，为水产养殖业实现规模化生产、产业化经营创造了有利时机。生物、信息、新材料、新能源、新装备制造等高新技术广泛应用于渔业领域，将为发展现代水产养殖业提供有力的科技支撑。绿色经济、低碳经济、蓝色农业、休闲农业等新的发展理念将为水产养殖业转型升级、功能拓展提供了更为广阔的空间。

但是，目前我国水产养殖业发展仍面临着各种挑战。一是资源短缺问题。随着工业发展和城市的扩张，很多地方的可养或已养水面被不断蚕食和占用，内陆和浅海滩涂的可养殖水面不断减少，陆基池塘和近岸网箱等主要养殖模式需求的土地（水域）资源日趋紧张，占淡水养殖产量约 1/4 的水库、湖泊养殖，因水源保护和质量安全等原因逐步退出，传统渔业水域养殖空间受到工业与种植业的双重挤压，土地（水域）资源短缺的困境日益加大，北方地区存在水资源短缺问题，南方一些地区还存在水质型缺水问题，使水产养殖规模稳定与发展受到限制。另一方面，水产饲料原料国内供应缺口越来越大。主要饲料蛋白源鱼粉和豆粕 70%以上依靠进口，50%以上的氨基酸依靠进口，造成饲料价格节节攀升，成为水产养殖业发展的重要制约因素。二是环境与资源保护问题。水产养殖业发展与资源、环境的矛盾进一步加剧。一方面周边的陆源污染、船舶污染等对养殖水域的污染越来越重，水产养殖成为环境污染的直接受害者。另一方面，养殖自身污染问题在一些地区也比较严重，养殖系统需要大量换水，养殖过程投入的营养物质，大部分的氮磷或以废水和底泥的形式排入自然界，养殖水体利用率低，氮磷排放难以控制。由于环境污染、工程建设及过度捕捞等因素的影响，水生生物资源遭到严重破坏，水生生物赖以栖息的生态环境受到污染，养殖发展空间受限，可利用水域资源日益减少，限制了养殖规模扩大。水产养殖对环境造成的污染日益受到全社会的关注，将成为水产养殖业发展的重要限制因素。三是病害和质量安全问题。长期采用大量消耗资源和关注环境不足的粗放型增长方式，给养殖业的持续健康发展带来了严峻挑战，病害问题成为制约养殖业可持续发展的主要瓶颈。发生病害后，不合理和不规范用药又导致养殖产品药物残留，影响到水产品的质量安全消费和出口贸易，反过来又制约了养殖业的持续发展。随着高密度集约化养殖的兴起，养殖生产追求产量，难以顾及养殖产品的品质，对外源环境污染又难以控制，存在质量安全隐患，制约养殖的进一步发展，挫伤了消费者对养殖产品的消费信心。四是科技支撑问题。水产养殖基础研究滞后，水产养殖生态、生理、品质的理论基础薄弱，人工选育的良种少，专用饲料和渔用药物研发滞后，水产品加工和综合利用等技术尚不成熟和配套，直接影响了水产养殖业的快速发展。水产养殖的设施化和装备程度还处于较低的水平，生产过程依赖经验和劳力，对于质量和效益关键环节的把握度很低，离精准农业及现代农业工业化发展的要求有相当的距离。五是投入与基础设施问题。由于财政支持力度较小，长期以来缺乏投入，养殖业面临基础设施老化失修，养殖系统生态调控、良种繁育、疫病防控、饲料营养、技术推广服务等体系不配套、不完善，影响到水产养殖综合生产能力的增强和养殖效益的提高，也影响到渔民收入的增加和产品竞争力的提升。六是生产方式问题。我国的水产养殖产业，大部分仍采取“一家一户”的传统生产经营方式，存在着过多依赖资源的短期行为。一些规模化、生态化、工程化、机械化的措施和先进的养殖技术得不到快速应用。同时，由于养殖从业人员的素质普遍较低，也影响了先进技术的推广应用，养殖生产基本上还是依靠经验进行。由于养殖户对新技术的接受度差，也侧面地影响了水产养殖科研的积极性。现有的养殖生产方式对养殖业的可持续发展带来较大冲击。

因此，当前必须推进现代水产养殖业建设，坚持生态优先的方针，以建设现代水产养殖业强国为目标，以保障水产品安全有效供给和渔民持续较快增收为首要任务，以加快转变水产养殖业发展方式为主线，大力加强水产养殖业基础设施建设和技术装备升级改造，健全现代水产养殖业产业体系和经营机制，提高水域产出率、资源利用率和劳动生产率，增强水产养殖业综合生产能力、抗风险能力、国际竞争能力、可持续发展能力，形成生态良好、生产发展、装备先进、产品优质、渔民增收、平安和谐的现代水产养殖业发展新格局。为此，经与中国农业出版社林珠英编审共同策划，我们组织专家撰写了《现代水产养殖新法丛书》，包括《大宗淡水鱼高效养殖模式攻略》《河蟹高效养殖模式攻略》《中华鳖高效养殖模式攻略》《罗非鱼高效养殖模式攻略》《青虾高效养殖模式攻略》《南美白对虾高效养殖模式攻略》《淡水小龙虾高效养殖模式攻略》《黄鳝泥鳅生态繁育模式攻略》《龟类高效养殖模式攻略》9种。

本套丛书从高效养殖模式入手，提炼集成了最新的养殖技术，对各品种在全国各地的养殖方式进行了全面总结，既有现代养殖新法的介绍，又有成功养殖经验的展示。在品种选择上，既有青鱼、草鱼、鲤、鲫、鳊等我国当家养殖品种，又有罗非鱼、对虾、河蟹等出口创汇品种，还有青虾、小龙虾、黄鳝、泥鳅、龟鳖等特色养殖品种。在写作方式上，本套丛书也不同于以往的传统书籍，更加强调了技术的新颖性和可操作性，并将现代生态、高效养殖理念贯穿始终。

本套丛书可供从事水产养殖技术人员、管理人员和专业户学习使用，也适合于广大水产科研人员、教学人员阅读、参考。我衷心希望《现代水产养殖新法丛书》的出版，能为引领我国水产养殖模式向生态、高效转型和促进现代水产养殖业发展提供具体指导作用。

中国水产科学研究院淡水渔业研究中心副主任
国家大宗淡水鱼产业技术体系首席科学家 戈贤平

2015年3月

前　言

南美白对虾是我国养殖产量及面积最大的养殖虾类，也是联合国粮农组织向全世界推荐养殖的水产品种。南美白对虾自1998年引入我国大陆，因其具有抗病能力强、生长快、适应盐度广等特点，迅速遍及全国沿海省份，养殖规模不断扩大，养殖产量逐年增加。2012年，全国养殖对虾总产量130万吨，其中，南美白对虾约110万吨，占养殖对虾总产量的84.6%；2013年，全国养殖对虾总产量169.86万吨，其中，南美白对虾约143万吨，占养殖对虾总产量的89.9%。南美白对虾已经成为我国对虾养殖的主打品种。

我国地域辽阔，可适合养殖南美白对虾的区域广，养殖模式也多种多样，以工程化程度较高的高位池养殖、滩涂池塘养殖、河口区土池养殖为主要模式，还有鱼虾贝复合养殖、盐碱地养殖等模式，各种养殖模式既有共性技术，又有不同的专有技术。为了使各地的养殖从业者因地制宜地开展南美白对虾的健康养殖生产，本书针对各种养殖模式的特点，总结了养殖生产实践中的一些经验，结合了先进的科研成果，提出建立了先进、易掌握的实用技术，目的是指导广大养殖从业者掌握和运用健康养殖新技术。

本书可供广大对虾养殖从业者，也可供水产养殖专业的师生、有关科技人员及管理人员参阅。

限于编著者的学识水平，书中的不妥之处和错漏在所难免，敬请广大读者指正。

编著者

2015年3月

目 录

第一章 南美白对虾的产地、特色、发展历程与生物学特点

第一节 南美白对虾产地、特色与发展历程

一、产地、特色

南美白对虾学名凡纳滨对虾，是广温广盐性的热带虾类。俗称白肢虾、白对虾，以前翻译为万氏对虾，外形酷似中国明对虾、墨吉明对虾，平均寿命至少可以超过 32 个月。成体最长可达 24 厘米，甲壳较薄，正常体色为浅青灰色，全身不具斑纹。步足常呈白垩状，故有白肢虾之称（图 1-1）。

图 1-1 南美白对虾

南美白对虾原产于美洲太平洋沿岸水域，主要分布在秘鲁北部至墨西哥湾沿岸，以厄瓜多尔沿岸分布最为集中。南美白对虾具有个体大、生长快、营养需求低、抗病力强、对水环境因子变化的适应能力强、离水存活时间长等优点，是集约化高产养殖的优良品种，也是目前世界上三大养殖对虾中单产最高

的虾种。南美白对虾壳薄体肥，肉质鲜美，含肉率高，营养丰富。收成后其耐活力较差，所以大多是速冻上市的。

南美白对虾人工养殖生长速度快，60 天即可达上市规格；适盐范围广（0～40），从自然海区到淡水池塘均可生长，可以采取纯淡水、半咸水、海水多种养殖模式，从而打破了地域限制，且其耐高温、抗病力强、食性杂，对饲料蛋白要求低，35％即可达生长所需，是“海虾淡养”的优质品种，使其养殖地域范围扩大，现已成为我国第一位的对虾养殖品种，年产量占全国对虾总产的 85％以上。

综观国际对虾养殖业和贸易市场，南美白对虾也是占了绝对的主导地位，如 2007 年世界对虾贸易量是 222.9 万吨，价值 136.5 亿美元，其中，南美白对虾占总量的 80％～90％。

因此，南美白对虾是渔业增产、农民增收的主要养殖品种。

二、我国南美白对虾养殖的发展历程

南美白对虾的规模化健康养殖，将我国的对虾养殖产业由萧条期推向了繁盛期。1992 年之前，我国主要养殖的对虾品种为中国明对虾、斑节对虾、日本囊对虾、墨吉明对虾和长毛明对虾等，当时全国的对虾养殖产量达到 20 多万吨。但自 1993 年对虾白斑综合征病毒病流行暴发，我国的对虾养殖产业受到了空前的打击，绝大部分养殖场对虾病害严重，全国的对虾养殖产量从近 21 万吨急剧下降到 1994 年的 6.3 万吨。随着微生物调控养殖环境为核心的健康养殖技术和病害综合防控技术的研究发展，我国对虾养殖生产逐步复苏发展，1999 年养殖对虾产量达到 17.1 万吨。南美白对虾规模化养殖的大面积铺开，加之配套了以微生物调控为核心的健康养殖技术，我国的对虾养殖产业重新回到了高速发展的轨道。2001 年，我国对虾养殖产量迅速提升到了 30.4 万吨，随后通过南美白对虾低盐度淡化养殖技术的应用与推广，全国再次掀起了对虾养殖的新浪潮。近年来，我国对虾产量更是一直保持高产稳产，2010 年达到了 138.0 万吨、2011 年为 147.9 万吨、2012 年 160.8 万吨，而其中南美白对虾的产量分别占全国对虾产量的 88.6％、89.6％和 90.4％。可见，南美白对虾在我国对虾养殖产业的地位是举足轻重的。

南美白对虾原产于美洲太平洋沿岸水域，自 1988 年由中国科学院海洋研究所从美国夏威夷引进我国，1992 年 8 月人工繁殖获得了初步的成功，1994

年通过人工育苗获得了小批量的虾苗。1999年，深圳天俊实业股份有限公司与美国三高海洋生物技术公司合作，引进美国SPF南美白对虾种虾和繁育技术，成功地培育出了SPF南美白对虾虾苗，实现工厂化育苗生产。同年，南美白对虾的低盐度淡化养殖在我国广东肇庆获得成功，以有益微生物调控养殖水体环境为核心的健康养殖技术，也于同期建立并进行了大面积的应用与推广。随着苗种问题和各种配套健康养殖技术的解决，有力地推动了南美白对虾在我国大面积的养殖生产，养殖规模逐年扩大，取得了显著的经济和社会效益。

但是，近两年来，随着南美白对虾养殖的迅猛发展，也随之出现了一系列的问题，如苗种种质退化、新型病害频发、外源污染日趋严重和养殖用地受到挤压等。所以，这也为今后该产业的可持续健康发展提出了新的要求，需要广大的科技人员和养殖从业者应对新的挑战，更新理念，针对各个瓶颈逐一破题、逐一解决，从生态文明、技术更新、质量安全保障、产业结构调整、市场无缝对接等多方面、多层次提出创新性的思路和解决方案，为产业发展提供有力的理论和技术支撑。

第二节　南美白对虾外部形态和内部器官

一、外部形态

南美白对虾外形与中国明对虾、墨吉明对虾酷似。成体最长可达24厘米，甲壳较薄，正常体色为浅青灰色，全身不具斑纹。步足常呈白垩状，故有白肢虾之称。

南美白对虾体长而左右略侧扁，体表包被一层略透明的具保护作用的几丁质甲壳，其体色也随环境的变化而变化。体色变化是由体壁下面的色素细胞调节的，色素细胞扩大则体色变浓；反之则变浅。虾类的主要色素由胡萝卜素同蛋白质互相结合而构成，在遇到高温或与无机酸、酒精等相遇时，蛋白质沉淀而析出虾红素或虾青素。虾红素色红，溶点较高，为238～240℃，故虾在沸水中煮熟后，色素细胞破坏，但虾红素不起变化，使得煮熟的虾呈红色。

南美白对虾身体分头胸部和腹部两部分，头胸部较短，腹部发达。头胸部由5个头节及8个胸节相互愈合而成，外被一整块坚硬的头胸甲；头胸甲前端中部有向前突出的上下具齿的额剑（额角），额角尖端的长度不超出第1触角柄的第2节，其齿式为5～9/2～4。额剑两侧有1对能活动的眼柄，其上着生有许多小眼组成的1对复眼，故虾体不需活动即可观察到周围的情况。头胸甲较短，与腹部的比例约为1∶3；额角侧沟短，到胃上刺下方即消失；头胸甲具肝刺及鳃角刺；肝刺明显；第1触角具双鞭，内鞭较外鞭纤细，长度大致相等。口位于头胸部腹面。腹部由7个体节组成，外被甲壳，但各节间有膜质的关节，因此，下腹部可自由屈伸。

南美白对虾20个体节除最后一节外，每一体节都生着1对附肢，附肢由着生位置不同与执行功能的不同而有不同的形状。头部5对附肢。第1附肢（小触角）原肢节较长，端部又分内外触鞭，司嗅觉、平衡及身体前端触觉；第2附肢（大触角）外肢节发达，内肢节具一极细长的触鞭，主要司身体两侧及身体后部的触觉；第3附肢（大颚）特别坚硬，边缘齿形，是咀嚼器官，可切碎食物；第4附肢（第1小颚）呈薄片状，是抱握食物以免失落的器官；第5附肢（第2小颚）外肢发达，可助扇动鳃腔水流，是帮助呼吸的器官。胸部8对附肢，包括3对颚足及5对步足，颚足基部具鳃的构造，助虾呼吸；步足末端呈钳状或爪状，为摄食及爬行器官。腹部分为7节。前5节较短，第6节最长，最后1节呈凌锥形，末端尖，称为尾节。尾节具中央沟，但不具缘侧刺，不着生附肢，故腹部共有6对附肢，为主要的游泳器官。第6附肢宽大，与尾节合称尾扇（图1-2）。

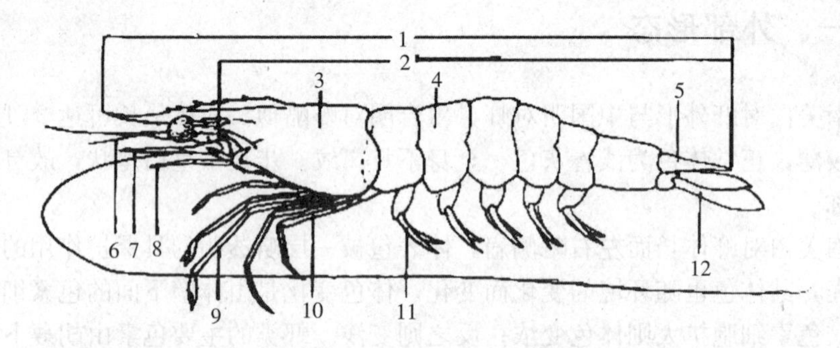

图1-2 对虾外部形态

1. 全长 2. 体长 3. 头胸部 4. 腹部 5. 尾节 6. 第1触角 7. 第2触角 8. 第3颚足 9. 第3步足（螯状） 10. 第5步足（爪状） 11. 游泳足 12. 尾节

二、内部器官

南美对虾的内部构造，包括肌肉系统、呼吸系统、消化系统、循环系统、排泄系统、生殖系统、神经系统和内分泌系统等，其中，大部分组织器官都集中于头胸部。

（一）肌肉系统

南美白对虾的肌肉为横纹肌，形成许多强有力的肌肉束，分布在头胸腹的内部。腹部的肌肉最发达，是主要的食用部位。虾的腹缩肌强大有力，几乎占据整个腹部，其迅速收缩可使尾部快速向腹部弯曲，整个虾体迅速有力地向后弹跳，这是虾逃避敌害与猎捕食物等活动的主要动作。

（二）呼吸系统

鳃是南美白对虾的呼吸器官，位于头胸部。鳃有多个，根据着生位置不同，可分为胸鳃、关节鳃、足鳃和肢鳃4种。鳃内有丰富的血管网，当鳃与水相接触时，通过鳃丝与血管，吸收水中氧气，排出二氧化碳，然后通过循环系统将氧气输送到体内各种组织器官，供生命活动。

（三）消化系统

南美白对虾的消化系统由口、食道、胃、中肠、直肠和肛门组成。口位于头部腹面，后连短管状的食道，然后接胃，胃具有磨碎食物的作用，胃后连着中肠，中肠末端为短而较粗的直肠，直肠末端为肛门，肛门开口于尾节腹面，中肠为消化吸收营养的主要部位。虾的肠管细长，贯穿虾的腹部背面，甲壳下方肌肉的上方（图1-3）。

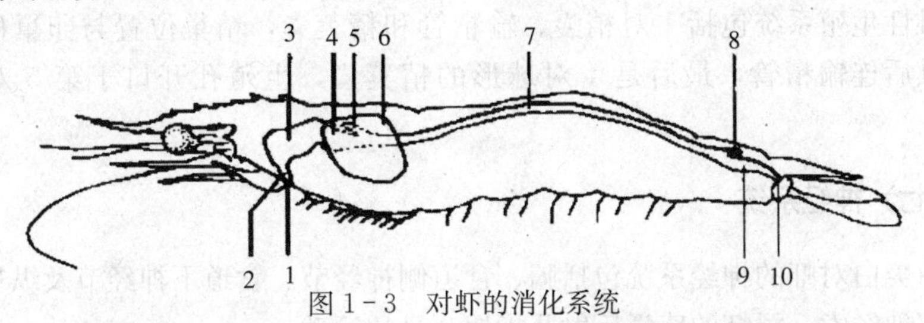

图1-3 对虾的消化系统

1. 口 2. 食道 3. 贲门胃 4. 幽门胃 5. 中肠前盲囊 6. 肝胰脏 7. 中肠 8. 中肠后盲囊 9. 直肠 10. 肛门

（四）循环系统

南美白对虾的循环系统包括心脏、血管和许多血窦，心脏扁平囊状，位于胸部，从甲壳外即可看到其跳动。由心脏发出动脉，每条动脉又分出许多小血管，分布到虾体全身，最后到达各组织间的血窦。循环系统担负着输送养料与氧气、二氧化碳及代谢废物的作用（图 1-4）。

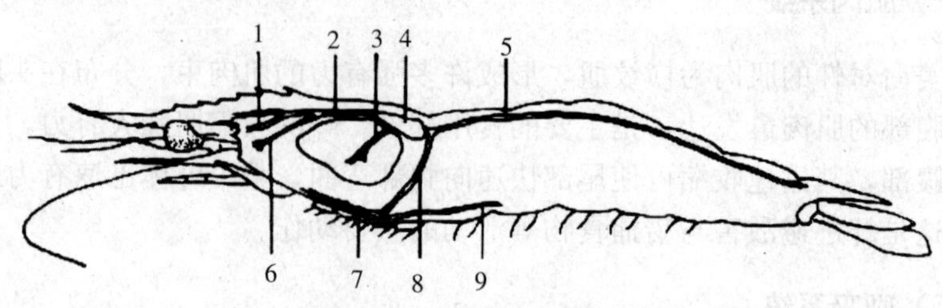

图 1-4　对虾的循环系统

1. 眼动脉　2. 前侧动脉　3. 肝动脉　4. 心脏　5. 背腹动脉　6. 触角动脉
7. 胸下动脉　8. 胸动脉　9. 腹下动脉
（据山东海洋学院修改）

（五）排泄系统

南美白对虾的排泄器官是位于大触角基部的触觉腺，由 1 个囊状腺体、1 个膀胱和 1 条排泄管组成，承担着排泄虾体废物的功能。

（六）生殖系统

南美白对虾雌雄异体。雌性生殖系统包括 1 对卵巢、输卵管和纳精囊，卵巢位于躯体背部，左右 2 个卵巢对称，与输卵管相连，生殖孔位于第 3 步足基部。雄性生殖系统包括 1 对精囊、输精管和精荚囊，精巢位置与卵巢位置相同，其后连输精管，最后是 1 对球形的精荚囊，生殖孔开口于第 5 对步足基部。

（七）神经系统

南美白对虾的神经系统包括脑、食道侧神经节、食道下神经节及纵贯全身的腹部神经索，司虾的感觉反射及指挥全身的运动。

（八）内分泌系统

南美白对虾的内分泌系统可分泌各种激素，促进虾体生长、性腺成熟及协调全身的各种反应等。

第三节　南美白对虾生态习性

在自然海域里，南美白对虾栖息在泥质海底，近岸水深 0～70 米水域均有它的踪迹，栖息海域的常年水温维持在 20℃以上。成虾多生活于离岸较近的沿岸水域，幼虾则喜欢在饵料生物丰富的河口地区觅食生长。南美白对虾白天一般都静伏在海底，傍晚后则活动频繁，大多在上半夜蜕壳，成虾洄游至深水水深 70 米处。

南美白对虾夜间活动频繁，常缓游于水的中下层。游泳时，其步足自然弯曲，游泳足频频划动，2 条细长的角鞭向后分别排列于身体两侧，转向、升降自如；当它静伏时步足支撑身体，游泳足舒张摆动，触须前后摆动，眼睛不时转动；当受惊时，则以腹部敏捷的屈伸向前连续爬行，或以尾扇向下拨水，在水面跳跃。稍有惊动，虾体马上逃避。在日照下显得不安宁。

南美白对虾生长期间的主要环境因素如下：

一、水温

南美白对虾在自然海区栖息的水温为 25～32℃，但是对水温突然变化的适应能力很强。由于南美白对虾系热带性虾类，所以，对高温的变化适应能力要明显大于低温。人工养殖适应水温的范围为 15～40℃，而最适水温为 20～30℃，对高温的热限可达 43.5℃（渐变幅度）。水温低于 18℃时停止摄食，长时间处于水温 15℃的环境中会出现昏迷危险状态，低于 9℃时死亡。个体越小，对水温变化的适应能力越弱。水温变化上升到 41℃时，个体小于 4 厘米的虾体 12 小时内全部死亡；个体大于 4 厘米的虾体，12 小时内仅部分死亡。水温变化越慢，对虾的适温能力幅度越广；反之越窄。

养殖和实验数据显示，1 克左右的南美白对虾幼虾在 30℃时生长速度最快，而 12～18 克的大虾则在 27℃时生长最快。当池水温度长时间处于 18℃以下或 33℃以上时，则虾体处于紧迫状态，抗病力下降，食欲减退或停止摄食，随时有致死的可能。从商业角度讲，养殖南美白对虾的最低温度应在 23℃以上。

二、盐度

南美白对虾是广盐性的虾类，对盐度适应范围较广，这可能与它的移居习性有关。养殖的最适生长盐度为10～20，盐度适应限围在0.2～34。在淡水也可养成，但必须经过逐渐变化，适应淡水的环境，所以，南美白对虾在珠江口咸淡水区生长相当快。在生长过程中盐度越低，生长越快，而且病毒病也少见。

三、底质

在自然海域中，南美白对虾喜栖息在泥沙质底。但在人工养殖的虾塘水域中，它不像其他对虾类那样挑剔底质，即使在一般的土质底或铺膜底也可适应，但最好以泥沙质为佳。

四、食性

传统认为虾类为无所不食的腐食性生物，而最新的研究报告则说明，对虾在自然界应是偏向肉食性的动物，以小型甲壳类或桡足类等生物为主食。由美国夏威夷实验室所作的结果显示，南美白对虾在完全清澈的实验室中，仅靠人工配合饲料供给的养殖环境的生长量，仅是室外人工养殖的50%。因为室外养殖池的底质是壤土，水中富含藻类和微生物，所以，室外养殖池养殖南美白对虾生长速度比实验室快。

南美白对虾对营养要求并不高，在人工配合饲料中，蛋白质含量能达到25%～30%就已足够，这比其他对虾优越（表1-1）。在人工配合饲料中，蛋白质含量高，生长反而差，因为对虾对蛋白质的吸收有一定能力，超出一定范围，不但增加体内负担，没有吸收的部分随粪便排出，更容易污染池底，影响水环境。据研究，黄豆粉是饲养南美白对虾的适口性饲料成分，其用量可高达53%～75%。在用黄豆粉比例为53%和68%的饲料饲养南美白对虾时，其体重增加的速率要比含量只有30%的更好（表1-1）。

表 1-1　不同养殖对虾对饲料中蛋白质含量的要求

对虾名称	饲料中蛋白质含量（%）
南美白对虾	25～30
蓝对虾	30～35
中国对虾	42.8～61.1
日本对虾	45～57
斑节对虾	36～50

注：引自王秀英等，对虾蛋白质、氨基酸和糖类需求量，中国饲料，2003，17：19-22。

在喂食方面，自然界的野生南美白对虾虽不主动寻找食物，但实践表明，白天如果投饵，南美白对虾同样会摄食，其原因是因为受饲料的近距离刺激。研究也发现，在养殖池中，南美白对虾的生长速度与投饵次数有关，投饵次数多，对虾生长快，一日多餐的投喂方式在生长速度方面远比一日 1～2 餐的投喂方式要快 15%～18%。投饵时，白天投喂 25%～35%，夜间投喂 65%～75%，这种比例最为理想。

南美白对虾对饲料的固化效率较高，在正常生长情况下，摄食量约占其体重的 5%左右。但是在繁殖期间，特别是在卵巢发育中、后期，摄食量会明显增大，通常为正常生长时期的 3～5 倍。南美白对虾养殖中，可以充分利用植物性原料来代替价格比较昂贵的动物性原料，从而大幅度地节省饲料开支，节约养虾成本。

五、酸碱度（pH）

海水的酸碱度是海水理化性质的一个综合指标，它的强弱通常用 pH 来表示。pH 越高，水体的碱性越大；pH 越低，则酸性就越大；当 pH 等于 7 时，水体则呈中性。

南美白对虾一般适于在弱碱性水中生活，pH 以 7.8～8.3 较为适合，其忍受程度在 7～9。pH 低于 7 时，就会出现个体生长不齐，而且活动即受到限制，主要是影响蜕壳生长。pH 在 5 以下（酸性太大的底质），养殖就相当困难了。pH 低于 7 的池塘，要经常性调整水质、换水或投放石灰冲泡，把 pH 调节到对虾养殖的正常值才能使用。否则对养殖不利，对虾难以养成。

当虾塘中的二氧化碳含量发生变化时，pH 就会发生改变。虾塘内生物呼吸、有机物氧化过程和夜间藻类的生理作用均可放出二氧化碳，pH 下降，池水就向酸性转化，而白天藻类的光合作用消耗二氧化碳使 pH 上升，所以 pH 的变化实际上就是水中理化反应和生物活动的综合结果。pH 下降，就意味着水中二氧化碳增多，酸性变大，溶解氧含量降低，在这种情况下可能导致腐生细菌大量繁殖；反之，pH 过高，将会大幅度增加水中毒氨，给对虾养殖带来不利。一般养殖池水中 pH 白天偏碱性，夜间偏酸性。

六、透明度

透明度反映了水体中浮游生物、泥沙和其他悬浮物质的数量，也是在养成期间需要控制的水质因素之一。其中，单细胞藻类大量繁殖会导致透明度降低，池水过浓时透明度会降至 20～30 厘米。如果虾塘内存在大量丝状藻（如水草），这些水生植物会强烈地吸收水中养料，使水变瘦，透明度就会明显增大，有时可达 1.5 米以上，光照直射到塘底，一目了然，使南美白对虾处于不安的生活状态。

泥沙和悬浮物质，同样会影响透明度的大小。养成早期的透明度可控制在 40～60 厘米，养成后期的透明度则应控制在 20～40 厘米为宜。

七、溶解氧

水体中的溶解氧是维系水生生物生命的重要因子，虾塘中溶解氧含量不仅直接影响虾的生命活动，而且与水化学状态有关，是反映水质状况的一个重要指标。

如果虾塘中对虾密度大，水色浓，透明度低，溶解氧变化亦大。白天单细胞藻类的光合作用使溶解氧含量有时高达 10 毫克/升以上，而夜间则由于生物呼吸作用使溶解氧大幅度下降，在黎明前有时降至 1 毫克/升左右，出现浮头甚至大量死亡。南美白对虾在粗养池塘溶解氧可在 4 毫克/升，一般不要低于 2 毫克/升；在高密度养殖池塘溶解氧要求较高，保持在 5 毫克/升，不要低于 3 毫克/升。

南美白对虾不同体长的个体，对低氧的耐受程度稍有差异，个体越大，耐低氧能力越差。通常情况下，南美白对虾的缺氧窒息点在 0.5～1.5 毫克/升。当对虾蜕壳时，对溶解氧的要求更高，否则不能顺利蜕壳，甚至死亡。

八、生长与蜕壳

对虾的生长发育经过受精卵、无节幼体、溞状幼体、糠虾幼体、仔虾、幼虾和成虾七个阶段。其中，仔虾后期以及幼虾属于对虾养成阶段，其他阶段的生长发育均在育苗场进行（图 1－5）。

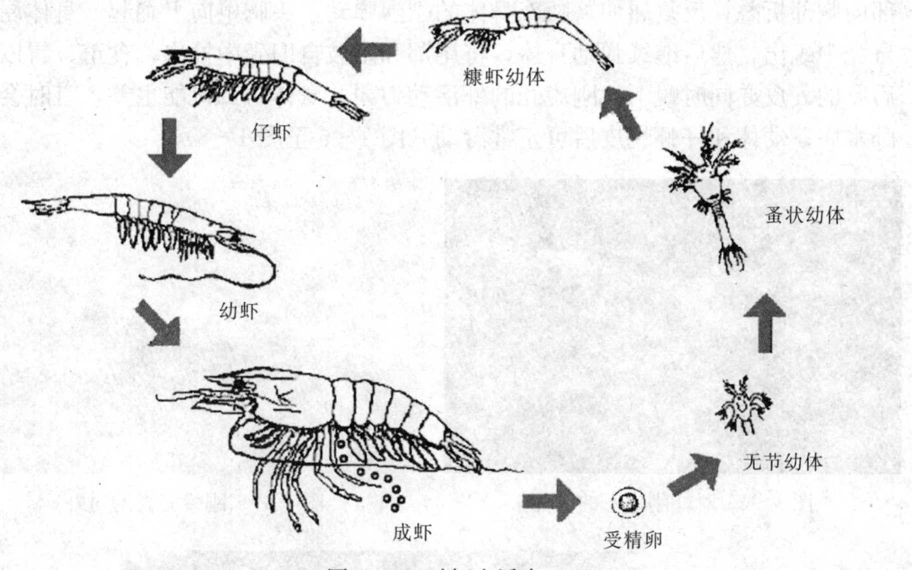

图 1－5 对虾生活史

虾类的生长速度与两大因素有关：一是蜕壳频率，即每次蜕壳的间隔时间；二是成长增殖率，即每次蜕完壳后到下次蜕壳前所能增加的体重。对虾的寿命不过 1～2 年，其间需蜕壳约 50 次。对虾蜕壳虽然受体内的蜕皮激素调控，但是蜕壳过程同时与体质、病菌、敌害乃至同类伺机侵袭及环境因子、营养都有密切关系，其中，以下三个因素的影响作用最为重要：

1. 水温 温度升高可使对虾的新陈代谢加快，蜕皮频率也较高，引起蜕皮周期缩短。南美白对虾的幼苗阶段，水温 28℃时，需 30～40 小时蜕壳 1 次。

2. 月圆 南美白对虾的蜕壳与月圆月缺也有关系，农历初一或十五月缺月圆时，对虾会大量蜕壳。15 克以上的大虾，在农历初一或十五前后 5 天，蜕壳的数量为总数量的 45％～73％。

3. 环境因子与营养 南美白对虾蜕壳的主要原因，与环境因子和营养摄取有关。就环境因子而言，低盐度及高水温会增加蜕壳的次数，而养殖环境的变化或化学药物的使用，也会造成紧迫而刺激蜕壳；而营养供给是否均衡，亦关系到蜕壳顺畅与否。对虾每一次蜕壳都是对生长的一大考验，最常发生的问题有两点：一是当蜕壳体弱时被其他对虾所食；二是蜕壳时氧气吸收率较低，若稍有不顺畅时，则可能造成缺氧并发症而死亡。

对虾蜕壳多发生在夜间。临近蜕壳的对虾活动加剧，蜕壳时甲壳蓬松，腹部向胸部折叠，反复屈伸。随着身体的剧烈弹动，头胸甲向上翻起，身体屈曲自壳中蜕出，然后继续弹动身体，将尾部和附肢自旧壳中抽出，食道、胃以及后肠的表皮亦同时蜕下。刚蜕壳的虾活动力弱，身体防御机能也差，有时会侧卧水底；幼体和仔虾蜕皮后可正常游动（图 1-6 至图 1-8）。

图 1-6　对虾刚蜕下的甲壳

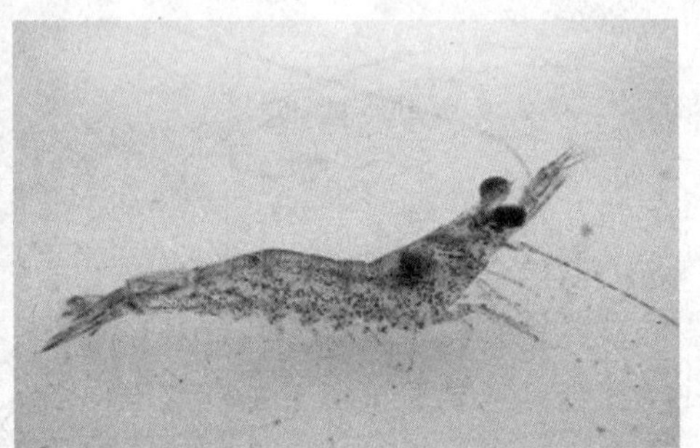

图 1-7　刚蜕完壳的对虾

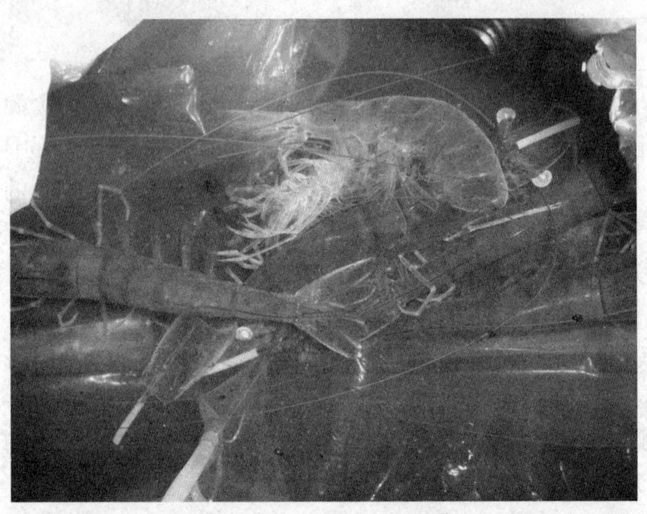

图 1-8　因运输中水温升高而蜕壳的南美白对虾

南美白对虾的生长速度较快。在盐度20～40、水温30～32℃、投喂配合饲料、合适的养殖密度和良好的环境条件下，从虾苗开始养殖100天，平均每尾对虾的体重可以达到20克。

对虾的生长还受到环境因素的影响，主要为温度、盐度、水质及密度等（表1-2）。

表1-2　环境因素影响对虾生长的情况

温度	适温范围内，生长随温度升高而加快
盐度	高盐度下生长减缓
水质	优良水质有利于生长，水质差生长减缓
密度	密度高则生长速度降低

对虾的生长测量包括线性测量和重量测量，常用的测量方法见表1-3。

表1-3　对虾生长常用的测量方法

全　长	额剑前端至尾节末端的长度
头胸甲长	眼窝后缘连线中央至头胸甲中线后缘的长度
体长	眼柄基部或额角基部眼眶缘至尾节末端长度
湿重	对虾的总湿重
尾重（商业用）	除去头胸部后腹部的重量

九、自切与再生

虾蟹类动物遭遇天敌或相互争斗时，常常会自行脱落被困的附肢，进行逃逸；在附肢有机械损伤时，虾蟹亦会自行钳去残肢，或使其脱落，这种现象称之为自切。自切是虾蟹类动物的防御手段，是一种保护性适应。

自切后的附肢经过一段时间后可以重新出生，称为再生。在自切断残处新生的附肢由上皮形成，初时为细管状突起，逐渐长大，形成新的附肢。形成再生的小附肢，一般要经过2～3次蜕皮后就能恢复到原来的大小。再生的速度与程度和个体以及环境有关，未成熟的个体再生较快，成熟的个体再生速度减慢。

第四节　南美白对虾繁殖习性

南美白对虾的繁殖期较长，怀卵亲虾在主要分布区周年可见，但不同分布区的亲虾其繁殖时期的先后并不完全一致。例如，厄瓜多尔北沿海的繁殖高峰期一般出现在4～9月，每年从3月开始，虾苗便在沿岸一带大量出现，延续时间可长达8个月左右，分布范围有时可延展到南部的圣帕勃罗湾，这一时期是当地虾苗捕捞的黄金季节。而南方的秘鲁中部一带沿海，繁殖高峰一般在12月至翌年4月。

南美白对虾属于开放型纳精囊类型，其繁殖特点与闭锁型纳精囊类型者有很大的差别。开放型纳精囊类型的产卵过程是先成熟再交配，而闭锁型纳精囊类型是先交配再成熟。所以，两种类型的虾交配和产卵形式略有差异。

开放型（如南美白对虾）：蜕壳（雌虾）→成熟→交配（受精）→产卵→孵化。

闭锁型（如中国对虾）：蜕壳（雌虾）→交配→成熟→产卵（受精）→孵化。

开放型纳精囊类型的精荚容易脱落，育苗比较困难。

1. 交配　南美白对虾交配都在日落时，通常发生在雌虾产卵前几个小时或者十几个小时，多数在产卵前2小时之内。交配前的成熟雌虾并不需要蜕壳。在交配过程中，先出现求偶行为，雄虾靠近雌虾，并追逐雌虾，然后居身于雌虾下方作同步游泳。然后雄虾转身向上，雌雄虾个体腹面相对，头尾一致，但偶尔也见到头尾颠倒的。雄虾将雌虾抱住，释放精荚，并将它粘贴到雌虾第3～5对步足间的位置上。如果交配不成，雄虾会立即转身，并重复上述动作，直到交配成功。雄虾也可以追逐卵巢未成熟的雌虾，但是只有成熟雌虾才能接受交配行为。

新鲜精荚在海水中具有较强的黏性，因此，在交配过程中很容易将它们粘贴在雌虾身上。在养殖条件下，自然交配成功的概率仍然很低，原因尚不很清楚，有待进一步研究。

2. 产卵和怀卵量　南美白对虾成熟卵的颜色为红色，但产出的卵粒为豆绿色。头胸部卵巢的分叶呈簇状分布，仅头叶大而呈弯指头，其后叶自心脏位置的前方出发，紧贴胃壁，向前侧方延伸。腹部的卵巢一般较小，宽带状，充分成熟时也不会向身体两侧下垂。体长14厘米左右的对虾，其怀卵量一般只有 10 万～15 万粒。

南美白对虾与其他对虾一样，卵巢产空后可再成熟。每 2 次产卵间隔的时间为 2～3 天，繁殖初期仅 50 个小时左右。产卵次数高者可达十几次，但连续 3～4 次产卵后要伴随 1 次蜕壳。

南美白对虾的产卵时间都在 21：00 至凌晨 3：00。每次从产卵开始到卵巢排空为止的时间，仅需 1～2 分钟。

南美白对虾雄性精荚也可以反复形成，但成熟期较长，从前 1 枚精荚排出到后 1 枚精荚完全成熟，一般需要 20 天。但摘除单侧眼柄后，精荚的发育速度会明显加快。

未交配的雌虾，只要卵巢已经成熟，就可以正常产卵，但所产卵粒不能孵化。

南美白对虾幼体发生与中国对虾相似，具有多幼体阶段的特点，从卵孵化出来后，要经过无节幼体（6 期）、溞状幼体（3 期）、糠虾幼体（3 期）和仔虾四个不同的发育阶段。每期蜕壳 1 次，需经 12 次蜕壳，历经约 12 天。无节幼体共分为 6 期（N1～N6），每期蜕壳 1 次，可根据尾棘对数和刚毛的数目变化来鉴别。其特点是体不分节，只有 3 对附肢，尚无完整口器，不摄食，依靠自身的卵黄来维持生命活动，趋光性强。不到 2 天时间，无节幼体就变态到溞状幼体，溞状幼体分为 3 期（Z1～Z3），每天 1 期。进入溞状期之后，幼体体分节，具头胸甲，具完整口器和消化器官，开始摄食，趋光性强，附肢 7 对。3 天之后，溞状幼体变态发育成糠虾幼体，糠虾幼体亦分 3 期（M1～M3），躯体分节更加明显，腹部附肢刚开始发育，因而头重脚轻。主要特点是常在水底中层呈“倒立”状态，可在水中看见其倒游。经过 3 天后，幼体从糠虾阶段发育到仔虾阶段，其构造基本与成虾相似。到仔虾阶段后，不是以蜕皮次数分期，而是以天数来分期，如仔虾第 4 期为 P4。到 P4～P5 后，挑选个体粗壮、摄食好、无病毒携带、无体表寄生物、畸形和损伤小于 5%、平均体长达到 0.5 厘米、细菌不超标的虾苗进行调苗；待平均体长达到 0.8 厘米以上，就可出大苗，放养到池塘。

第二章 南美白对虾高位池养殖

第一节 南美白对虾高位池养殖模式

一、高位池养殖模式特点

高位池养殖模式，又称提水式精养模式，是在海水高潮线以上的沙滩建造养殖池塘开展对虾养殖。相比传统的滩涂围垦挖池养殖模式，最大的区别就是将养殖池建在海岸线以上的沙滩上，不论高潮期还是低潮期，都能把养殖池塘内的水体排干。高位池对虾养殖最早出现在台湾省，国内最早于20世纪80年代出现在湛江市对虾种苗试验场遂溪县草潭镇长洪基地。高位池养殖是近年在我国广东、海南、广西发展较快的一种对虾养殖模式，并逐渐向福建和江浙沿海发展。该模式是一种高密度集约化养殖模式，具有投资大、产量高、病害少、养殖成功率高但又风险大的特点。主要表现在以下几方面：

（1）高位池建于高潮线以上，高于海平面3～10米，一般应离海边200米防护林以后的地方，不受台风、暴雨等恶劣天气影响（图2-1）。

（2）养殖进水依靠机械提水，排水容易和彻底，方便集污及洗池、晒池（图2-2），底质保持良好，养殖结束后晒池，可以较彻底杀死病毒、细菌，保证养殖成功率。

（3）地膜底、水泥底或沙底（沙面下20～30厘米铺农用薄膜保水）防止渗漏，保证对虾良好的栖息底质，且易于清整。

图 2-1　建于高潮带上的对虾养殖池塘

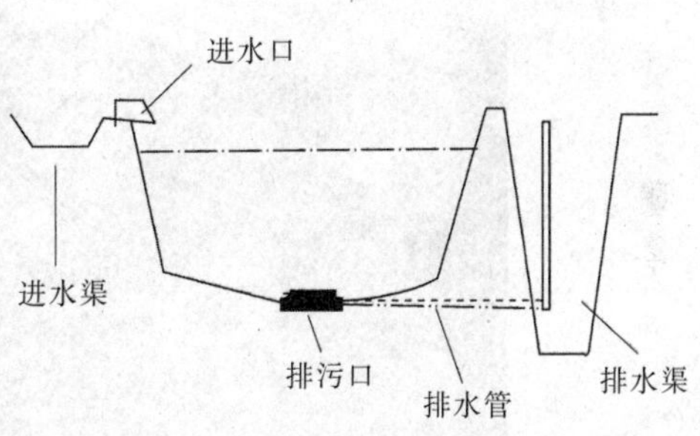

图 2-2　高位池中央排水结构

(4) 水泥护坡和地膜使外来生物不易进入养殖池，特别是甲壳类的螃蟹等，因而减少感染白斑病毒（WSSV）、细菌性病害等病害的机会。

(5) 通过砂滤井从海里提水（图 2-3），可以不受天气及潮水影响，可全天进排水，养殖主动性强。

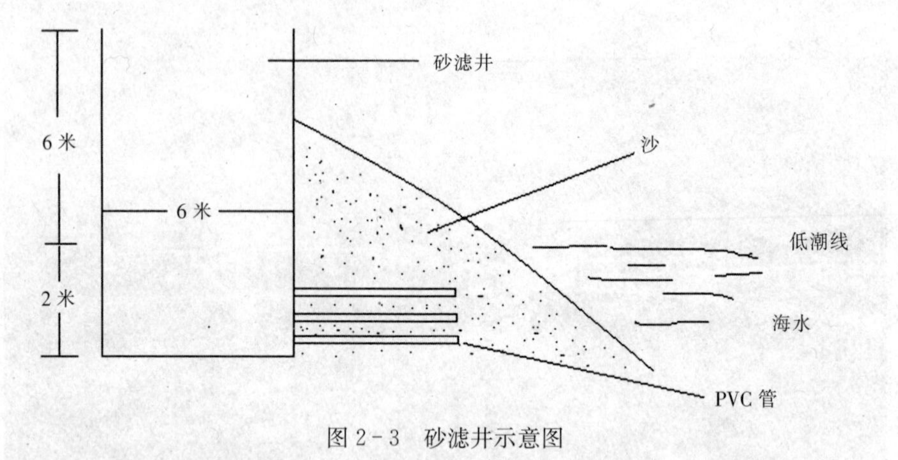

图2-3 砂滤井示意图

(6) 高密度集约化养殖，一般每亩* 放苗密度6万～12万尾，亩产500～1 500千克，甚至放苗密度每亩达40万尾，亩产高达3 000千克，经济效益显著。

(7) 随着池塘对虾产量的增加而增加增氧机及加强水质调控，增氧机装配密度一般为每亩配备1台1.5千瓦的四叶轮水车式增氧机（图2-4）。

图2-4 高位池增氧机摆放示意图

---

* 亩为非法定计量单位，1亩=1/15公顷。

（8）养殖场规模一般相对低位池小，单一虾池面积也较小，一般2～8亩，最佳2～4亩，加之进、排水方便，因此养殖生产安排机动性强，操作灵活，便于管理，通过标粗过塘一年可以多茬养殖。

（9）高位池养殖一般为高密度集约化养殖，提水、增氧等均需大量电费，投入成本较低位池高出许多，高密度高产可以高回报，但高密度高投入也具有高风险的特点。

（10）由于砂滤进水作用和底质缓冲能力较弱等原因，养殖水体浮游微藻多样性较差，对气候变化易感，存在养殖前期藻相较难培养，养殖中、后期藻相极易变动，水环境比较难控制的特点。

二、高位池养殖类型

根据虾池的底质结构特点，对虾养殖高位池可分为水泥护坡沙底养殖池、铺地膜养殖池和池壁及池底均为水泥建造的养殖池三种类型。

（一）水泥护坡沙底养殖池

水泥护坡沙底池即为利用水泥、沙石浇灌或用砖砌以水泥涂布建立堤坝，以海边细沙铺底的一种养殖池（图2-5）。其优点在于养殖池堤坝坚固，对烈

图2-5　水泥护坡沙底高位池

日、大风和暴雨的抵抗能力较强，还可为喜潜沙性的对虾提供良好底栖环境。但该养殖池也存在一定的缺点。首先，其建筑成本比土池和铺膜池高；其次，由于养殖池经受日晒、雨淋和养殖水体压力等，在使用一段时间后，水泥护坡可能会出现裂缝，从而引起水体渗漏现象；再次，沙底虽然能为养殖对虾提供一个较为适宜的栖息环境，但由于其清洗较为困难，养殖过程产生的残饵、对虾排泄物及生物残体等有机物容易沉积于池底，且不易清除，从而造成底质环境逐渐恶化。

根据水泥护坡沙底池的上述特点，在养殖管理过程中提出相应的解决方案，发挥其优势，规避其不足。①在放苗前应该仔细检查堤坝的状况，发现有裂缝的地方可用沥青或水泥进行修补；②每次收虾后都应对池底进行彻底地清理，将沉积于沙子中的有机物用高压水泵冲洗，该过程在实际操作中俗称为“洗沙”，若沙底已经经过多茬养殖，无法彻底清洗干净，则应考虑铲除表层发黑的细沙，换上新沙；③在放苗前对底质进行有效的翻耕、曝晒和消毒，以免残余的有机质或致病微生物潜藏在沙底中；④在养殖过程中施用有益菌和底质改良剂，避免有机物长期沉积于池底引起底质恶化；⑤在建造养殖池时，可将池子设计成圆形或圆角方形，池底则设计成一定的坡度，微微向中央排水口倾斜，并以中央排水口为圆心，3～5 米为直径，用砖块、水泥铺设 1 个中央排水区，以减小池底的排水阻力及避免中央污物渗入沙质，排水网架或塑料板平铺在池中心最低处，池水顺着排水口形成旋涡急流带着污物排出池外。

（二）铺地膜高位池

在对虾养殖池中铺设地膜的最大优点就是易于清理。众所周知，一般对虾养殖池塘经过多年养殖后，其底质均受到不同程度的污染，造成虾池老化，而这正是一个引发对虾病害的潜在诱因。在养殖池底铺设地膜，加之配套中央排污系统，既有利于养殖过程中及时排出沉降于池底的污物，又有利于对虾收成后对养殖池进行彻底的清洗、消毒。一般用高压水枪就可轻易将黏附于池底的污物清除，再加上一定时间的曝晒及带水消毒即可把养殖池塘清理干净，及时投入下一茬的养殖。因此，地膜式养殖对延长养殖池塘的使用寿命，实施有效的对虾养殖环境质量管理具有良好的促进作用。

另外，由于铺设的地膜一般为黑色，养殖的环境水色较深而促使对虾体色较深，煮熟后更加鲜红美观，因此，铺地膜池养殖的南美白对虾深受加工厂欢迎而售价高。但是当春节来临，南方的南美白对虾活虾长途运输至全国各地时，地膜池养殖的南美白对虾比沙质底养殖的成活率明显要低，故而售价要稍低。

目前，常用的地膜有进口的，也有国产的，价格一般在3～10元/米^2，使用寿命为2～5年。在选择地膜时除关注价格成本外，尤其应特别注意地膜的质量，最好能选择质量有保障的名牌产品，以避免因质量问题造成地膜破裂导致池塘渗漏，或因地膜使用寿命过短造成二次投资。

铺地膜池，有水泥护坡池底铺设地膜和全池铺设地膜两种（图2-6）。

图2-6　铺地膜高位池

（三）水泥池养殖

水泥养殖池（图2-7）集中了上述两种养殖池的优点，既坚固又易于排污，也方便养殖过程中的生产管理。而其存在的最大缺点则为：养殖时间长了池体容易出现裂缝，且池子的造价也相对较高，这与“水泥护坡沙底池”有些类似。水泥池养殖的南美白对虾也和铺地膜池一样，存在长途运输比沙质底养殖的成活率明显要低的缺点。

根据三种高位养殖池塘的基建投资成本、池塘保养维护、生产管理、养殖生产成本、养殖效果和养殖经济效益等综合分析，水泥护坡沙底池和地膜池更适合南美白对虾的大面积生产要求。

图 2-7　水泥池养殖

三、健康养殖工艺与技术

（一）放养前的准备工作

1. 清淤整池　水泥护坡沙底池、地膜池和水泥池的清淤整池方法有所不同。

图 2-8　工人在用高压水泵进行池底清淤

水泥护坡沙底池排干水后，用高压水泵反复冲洗沙子直到变白为止（图 2-8），或者排干水后让太阳曝晒至池子中央污物硬化结块，人工清出池外，再用高压水泵冲洗。冲洗干净后让太阳曝晒，再翻晒，晒至沙子氧化变白为止。

地膜池和水泥池的清整基本一致，相对水泥护坡沙底池的清整较为简便。主要是利用高压水枪彻底清洗黏附于地膜或水泥上的污垢，并全面检查池底、池壁、进排水口等处。

地膜池不能过于曝晒，否则地膜会加速老化；水泥池不能长时间没水，否则容量裂缝漏水，所以一般情况会进少量水用于防止曝晒。

2. 消毒除害　高位池收完虾后均排干水，除了底质可能残留一些病毒细菌外并没有其他敌害生物，经高压水泵冲洗及太阳曝晒以后敌害生物会很少，所以其消毒除害相对比较简单。消毒时，一般用漂白粉（有效氯含量约为30%）30～50毫克/升消毒水浸泡池底，同时，用水泵抽取消毒水反复喷洒没有浸泡的地方，使全池消毒全面彻底。消毒水浸泡虾池24小时后排掉，重新进水，避免池水药物残留（图2-9）。

图2-9　池塘消毒

3. 进水及水体处理　虾塘消毒除害后，若进水系统是过滤沙井，可直接进水至虾塘；若不是过滤沙井，则利用60～80目的筛绢网或砂滤池过滤后再进虾塘。一次性进水至水深1.2米以上，使用含氯消毒剂或海因类消毒剂进行水体消毒。

近年来，由于高位池对虾养殖的集群式发展，有的地区高位池过于集中，且各养殖场的进、排水口相隔不远，难以保障所进水源的质量。针对这种情况，应该配备1套蓄水池、过滤消毒池对水源进行蓄水消毒处理，保障养殖进水的质量。

在养殖开始之前进水时，可直接将水源引入池塘进行消毒处理。养殖过程进水时，先把水引入蓄水消毒系统处理后，再引入养殖池中使用。

还可以采用“挂袋”式的消毒方法，将含氯类消毒剂捆包于麻包袋之中，置放于进水口处，水源在进入池塘时需流经“消毒袋”而进行消毒处理。

4. 放苗前优良水环境的培育 由于清塘彻底，池底有机质很少，而且水源取至砂滤井，浮游微藻的种类和数量较少，且多为个体微小的种类。因此，高位池养殖前期的水体环境较难培育。

养殖池塘水体消毒后，在放苗前5～7天，施用有机无机复合肥料营养素和芽孢杆菌菌剂，以后相隔5～7天再反复施用2～3次。相比土池养殖，高位池养殖前期养水时，肥料营养素的使用量要大一些，使用的次数也要增加。

具体实施养水措施时，还要特别注意与天气的配合，所谓“万物生长靠太阳”，施用浮游微藻营养素只有在天气晴朗、阳光充足时效果才明显，切忌在阴雨天盲目过量施用。阴雨天气时往往容易出现浮游微藻繁殖生长不良的情况而误解为水体营养缺乏，容易过量施用浮游微藻营养素而使水体潜在富营养化，一旦天气好转浮游微藻容易过度繁殖，甚至导致喜肥好污的不良微藻快速繁殖，养殖水体过早出现富营养化而影响对虾的健康生长。

（二）虾苗的选购

放养健康优质的虾苗，是养殖成功的基本保障。有条件的养殖场，选购虾苗前应先到虾苗场进行实地考察，了解虾苗场的生产设施与管理、生产资质文件、亲虾的来源与管理、虾苗健康水平、育苗水体盐度等一系列与虾苗质量密切相关的关键因素。要选择虾苗质量好、信誉度高的苗场进行虾苗选购。

健康优质的虾苗应该具有如下特征：全长0.8厘米以上，虾体肥壮，形态完整，身体透明，附肢正常，群体整齐，游动活泼有力，对水流刺激敏感，肠道内充满食物，体表无污物附着，还应有健康证明。为验证所购虾苗是否携带特异性病毒，还可委托有关部门进行PCR检测，以切实保障虾苗的质量安全。虾苗选择与放苗时间有关联，二代苗或土苗抗逆性较强、生长较慢；一代苗抗逆性较弱、生长较快。所以，一般养殖环境变化较大时宜选择二代苗或土苗；养殖环境较为稳定时宜选择一代苗。

（三）虾苗的放养

南美白对虾属暖水性虾，放苗水温应平均达到25℃以上。在我国东南沿海地区第一造养殖最好在清明前后放苗，不宜过早。

虾苗放养有两种模式，即直接放养及中间培育。

1. 直接放养　顾名思义，直接放养就是将虾苗直接放至池塘中一直养至收获，中间不移苗过塘。高位池养殖放苗密度一般每亩 12 万尾左右，若定向生产小规格商品虾还可适当提高，但最高不得超过 30 万尾。

放苗时应注意下列事项：

（1）避免在迎风处、浅水处放苗，而应选择避风处放苗。

（2）应选择在天气晴好的清早或傍晚，避免在气温高、太阳直晒、暴雨时放苗。

（3）放苗前要做好计划，放苗时准确计数，做到一次放足，以免后期补苗。

（4）在养殖池中设置 1 个虾苗网，放苗时取少量虾苗置于其中，以便观察虾苗的成活率和健康状况。

2. 中间培育　又称中间暂养。广东一带俗称“标粗”，指先将虾苗放养于较小的养殖水体内饲养一段时间（20～30 天），待其生长至一定规格（体长 3～5厘米）后再移至养成池中进行养殖。通常，标粗池中的虾苗放养量为 120 万～160 万尾/亩。中间培育过程中投喂营养较高的饲料，前期可加喂虾片和丰年虫，通过提高虾苗的营养供给，以增强其体质，提高其抗病能力。

（1）*采用中间培育法的优点*　由于标粗池的面积较小，便于养殖管理。一方面，可提高饲料的利用率，做到合理投喂，降低生产成本；另一方面，可提高虾苗的环境适应能力，综合提高对虾养殖的成活率。其次，合理安排好虾苗的标粗时间与养成时间的衔接，可大大缩短整个养殖周期的耗时，实现多茬养殖。

（2）*中间培育法的缺点*　首先，标粗时密度过大，生长速度慢，也较容易发病；其次，移苗过池时对虾必须重新适应新环境，处理不当容易使对虾应激，诱发虾病或使生长速度减慢。

（3）*中间培育移苗过池应注意的事项*

①中间培育时间一般为 20～30 天，幼虾达到体长 3～5 厘米即要移苗。中间培育时间切莫太长，时间越长，个体越大，应激反应也就越明显，生长也越缓慢。

②南美白对虾高温容易应激痉挛，移苗过池应选择在清晨或傍晚，避免太阳直射。

③移苗过池时应注意保持中间培育池与养成池水环境的稳定，以免幼虾产

生应激反应，影响健康水平，从而造成损失。必要时可抽取中间培育池的水体到养成池接种培藻。

④中间培育池与养成池距离越近越好，避免虾苗长时间离水。

（四）科学投饵

1. 饲料的选择 南美白对虾高位池养殖属高密度精细养殖，营养来源全靠配合饲料，因此饲料的质量至关重要。选择的对虾饲料应具有如下特点：

（1）饲料性价比好，营养配方全面、合理，能有效满足对虾健康生长的营养需要。

（2）水中的稳定性好，颗粒紧密，光洁度高，粒径均一，粉末少。

（3）原料优质，饲料系数低，诱食性好。

（4）加工工艺规范，符合国家相关质量、安全和卫生标准。

2. 科学投喂饲料 饲料投喂是对虾高位池养殖生产中的关键技术之一，科学的投喂技术，对降低养殖成本、提高养殖效益非常重要。

（1）饲料观察网的设置 饲料观察网是观测对虾摄食情况的平台，一般设置在离池塘边3～5米的地方，同时，离增氧机也需要有一定的距离，以免水流影响对虾的摄食，从而造成对全池对虾摄食情况的误判。一般每1.5～2.0亩设置1个饲料观察网，但1口池最少应设置2个。具有中央排污的养殖池塘，还应在池塘中央设置1个饲料观测网，主要用于观察残饵、蜕壳情况、病死虾及中央底质的污染情况。

（2）饲料投喂时间

①开始投喂的时间：高位池精细养殖密度大，相对天然饵料少，要尽早投喂配合饲料。一般在放苗后第二天即投喂饲料，若养殖水体中基础饵料生物丰富，可以在放苗后3～4天再开始投喂饲料，但不应超过1周。养殖前期应投喂营养相对丰富的0号饲料或虾片，投喂一些丰年虫效果也很好。

②每天的投喂时间安排：每天的投喂时间，应该根据南美白对虾的生活习性特点进行安排。高位池精细养殖一般每天可投喂3～5次，选择在0：30、6：30、11：00、16：00、21：00进行投喂。但有的养殖者每天投喂6～8次，即白天每隔2～3小时喂1次，晚上喂2次，养殖效果也不错。投料量要根据对虾的摄食习惯和气候、水质情况来确定，日投料量为虾塘存虾量的1%～2%，分配量一般早上、傍晚较多投，中午、夜间较少投。

（3）饲料观察网投料量与投料检查 每次投料时在饲料观察网上放置一定

量的饲料，其数量为该次投料总量的1%～2%。

检查饲料观察网（图2-10）的时间，依据养殖阶段而有不同。养殖前期（30天以内）2小时；养殖前中期（30～50天）1.5小时；养殖中、后期（50天至收获）1.0小时。检查时，如果观察网上的饲料被吃完，网上聚集很多虾，则下次投料维持原投量；网上聚集很少虾，则下次投料要加量；如果观察网上存留有饲料，则下次投料要减量。

图2-10　检查饲料观察网

（4）投喂饲料的注意事项

①大风暴雨、对虾活动不正常时少投或不投，天气晴好时酌量多投。

②水体环境恶化时不投，水质清爽时酌量多投。

③台风来临时，气压较低，可以减少投料量。

④ 对虾大量蜕壳时不投，蜕壳后酌量多投。

⑤ 养殖对虾出现病害时，减少投料量，并对症拌药或免疫增强剂。

⑥ 养殖前期“宁多勿少”，养殖中、后期“宁少勿多”。

（五）水环境管理

所谓“养虾先养水”，高位池精细养殖是对水环境人为控制较多的一种养殖模式，对水环境的管理要求也较高。

养殖期间，对池水的温度、盐度、pH、溶解氧、氨氮等多种水质指标都有明确要求。现将几个常用水质指标介绍如下：水温保持在25～32℃为佳；盐度保持在5～18为佳，而且突变幅度不能太大，日变化幅度不应超过5；pH控制在7.8～8.6，日变化最多不得超过0.5；溶解氧在4毫克/升以上；透明度在30～50厘米；化学耗氧量6毫克/升以下；氨氮在0.5毫克/升以下；亚硝酸盐在0.2毫克/升以下。

养殖过程水环境管理的基本原则

（1）养殖前期的水环境管理　养殖前期实施全封闭管理，放苗前进水1.2～1.5米，放苗后30天内不添换水，若有渗漏最好只添入无污染的淡水。根据水色状况和天气情况，适当施用浮游微藻营养素，保持水中浮游微藻的数量，结合施用有益菌改良水色。此时，控制水质标准是“肥”与“活”。

（2）养殖前、中期的水环境管理　放苗1个月后，虾苗的食性转向摄食人工配合饲料为主，投料量也开始快速增加，水中生物量也急剧上升，池内对虾的排泄物、残饵和浮游生物死亡形成的有机物沉积开始增多，使池水变“肥”，此时开始慢慢减“肥”。

养殖中期实施半封闭管理，逐渐加水至满水位，满水后视水质变化和水源的质量情况适当换水。每次添（换）水量为养殖池水容量的5%～10%，保持养殖水环境的相对稳定。使用有益菌调节水质，并开始加强中央排污。

（3）养殖中、后期的水环境管理　养殖50天后开始进入养殖中、后期，养殖对虾的排泄物不断增多，虾池自身污染日益加重，水质状况一般较差。

此阶段调控水环境的办法为：一是控制投料，养殖后期投料原则是“宁少勿多”；二是勤排污；三是多换水，日换水量为池塘总水量的10%～20%，把集中在中央的污物带水排出池外；四是加强增氧力度，应急时可使用化学增氧剂，保证溶解氧含量在4毫克/升以上；五是加强使用有益菌，分解有机质，调节水质。

（4）水环境管理的具体措施

①适度换水：适度换水是高位池高密度精细养虾的必需条件，应根据海区和虾场的水质状况进行适时适量换水。

换水是改善池塘水质条件直接有效而经济的办法。换水可适当调节盐度、降低肥度、控制浮游微藻密度、调节水体透明度、增加溶解氧，还可带走池塘中一部分代谢废物，有利于改善底质状况。高温季节换水可起到降低水温的作用，同时刺激对虾蜕壳，加速其生长。

但是不能机械盲目地换水，当池塘水环境条件较好时，尽量不换水或少换水。在下列条件下宜换水：

A. 近海水质条件良好，理化指标正常，且与池内水体盐度相差不大，海水中有毒有害物质、赤潮生物和细菌等病原体不超过正常含量及非病毒病流行期。

B. 池塘内浮游微藻繁殖过度，透明度低于25厘米；或者原生动物、浮游动物大量繁殖，池水透明度大于60厘米，或者池水呈白色、浊色。

C. 虾池内水质条件不符合对虾养殖要求，如溶解氧清晨低于3毫克/升，日平均低于4毫克/升；化学耗氧量高于5毫克/升；氨氮含量超过0.4毫克/升；pH低于7或高于9.6；底层水硫化氢含量超过0.1毫克/升。

D. 池塘底部污染严重，由厌氧细菌矿化作用生成的甲烷、硫化氢气体逸出，底泥黑而发臭。对虾摄食量下降、出现浮头或已经发生非流行病。

E. 当水温高于35℃，天气闷热，无风，气压低，在西北风来临之前，必须加速换水，以免突然降雨造成表层水冷、底层水热的现象。暴雨过后，应加大换水量，尽快消除水质分层现象。

即使出现上述情况，换水也不能过急、过多，避免大排大灌，一般1天换水量不得超过池内总水量的30%，以免环境突变，使对虾产生应激反应，从而加剧其发病和死亡。

在下列情况下则不宜换水：

A. 老养殖区富营养化，海区水质不如池塘内的水质条件，换水不如不换好。

B. 对虾发生流行性疾病，养殖区发病严重，为避免细菌和病毒随水的交换而传播，此时不宜直接换水。

C. 当近海发生赤潮或有害生物增多时，不宜换水。

换水的管理：养殖前期，池水水位较低，一般只添加水，不排水，可以随着对虾生长增大养殖水体，而且，不断加入新水提供浮游微藻藻种及营养源，稳定基础饵料生物，促进仔、幼虾的快速生长；养殖中期对虾摄食饲料量增加，残饵与粪便开始增多，对虾生物量也不断提高，此阶段要逐渐加大换水量，5～7天换1次水，每次换水量为总水量的5%～10%；养殖后期为对虾生长冲刺阶段，对虾生物量和残饵、粪便等均达到顶峰，此阶段要进一步加大换水量，3～5天换1次水，每次换水量为总水量的10%～20%。

②增氧机的使用：增氧机是一种较有效的改善水质、防止浮头、提高产量的水产养殖专用机械，是高位池精细养殖必不可少的设备，甚至有“增氧机的

数量与质量决定对虾的产量”的说法。增氧机不但可提供对虾所需要的溶解氧，更重要的是促进池内有机物的氧化分解，使池水水平流动及上下对流，增加底层溶解氧，减少底层硫化氢、氨氮等有害物质的积累，改善对虾栖息生态条件，促进对虾生长，提高产量。

在高位池养殖中，四叶轮水车式增氧机是必不可少的，但兼顾其他类型增氧机互相配合，使用效果更好。

增氧机的配置，一般要求高位池 1 亩虾池，设置 1 台 0.75～1.5 千瓦的水车式增氧机。

增氧机的使用与养殖密度、气候、水温、池塘条件、投饵量、施肥量以及增氧机的功率等有关，养殖期间必须结合当时的具体情况合理使用。高温闷热天气、暴雨等情况以及下半夜应多开；为避免影响对虾摄食，投喂饲料时一般停止开动增氧机（养殖后期对虾密度较大除外）。

表 2－1 列出 1 口 4 亩高位池（放苗密度为 10 万尾/亩）在上午、中午、下午、上半夜、下半夜、每餐投料后 6 种不同养殖时间段增氧机开启的情况。

表 2－1　不同养殖时间段增氧机的开启情况

养殖时间 \ 时间段	上午	中午	下午	上半夜	下半夜	投料后
30 天以内	1	2	1	1	1	0
30～50 天	2	2	1	2	2	0
50～70 天	3	2	2	2	3	1
70 天至收获	4	3	3	4	4	2

注：所列增氧机为 2 叶或 4 叶水车式增氧机；表中数字为增氧机开启台数。

养殖前期（30 天以内）池内对虾生物量很低，基本不缺氧，增氧机的开动主要以培养基础饵料为主要目的，中午太阳光照较强，为防止池水分层应多开，其他时间段只需是池水流动，保证“水活”则可。

养殖中期（30～50 天）池内对虾已有一定生物量，要增加增氧机开动的力度，但下午浮游微藻光合作用最好，池水溶解氧最高，可少开增氧机。

养殖中、后期（50～70 天）池内对虾生物量再度增多，则要注意防止下半夜缺氧，所以下半夜和上午要加开增氧机，投料时或投料后也必须保留 1 台增氧机开启。

养殖后期（70 天至收获）是养殖最后冲刺阶段，对虾生物量高，水质差，此阶段增氧机基本全部开启，但在中午和下午浮游微藻光合作用好时，可适当少开 1 台增氧机节约能源。

为了达到更好的增氧和水体交流效果，可在底部铺设管道增氧系统（图 2-11）。采用底部增氧的水车式增氧机和潜水式增氧机的水层增氧相结合的立体增养方式。养殖过程中底部管道增氧系统基本全程开动（养殖前、中期在投喂饲料时停开 1 小时），这样可保持较高溶解氧，氨氮、亚硝氮、硫化氢等有害有毒物质保持低水平，水质优良。

图 2-11 底部增氧管道

③生物调控：生物调控是利用有益菌和自养型植物改良水质。其原理是这些微生物和植物可以吸收水体中的富营养物质，有助于防止残饵与代谢废物过度积累，从而达到净化水质的目的。

A. 定期施用芽孢杆菌：养殖过程中定期施用芽孢杆菌，既有利于快速降解养殖代谢产物，促进养殖池塘中的物质循环，又有利于促进优良浮游微藻的繁殖与生长，维持良好藻相，还有利于在形成有益菌的生态优势，抑制有害菌的滋生。

高位池精养水体一般较肥，芽孢杆菌的施用量相对其他养殖模式较大。一般来说，以池塘水深 1 米计，有效菌含量为 10 亿/克的芽孢杆菌菌剂，在养殖前期“养水”时用量为1.5～3千克/亩；养殖过程每隔7～10天施用1次，直到养殖收获，每次施用量为1.0～1.5千克/亩。

使用时，可将芽孢杆菌菌剂与0.3～1倍的花生麸或米糠混合搅匀，添加10～20倍的池水浸泡4～5小时，再全池均匀泼洒。养殖中、后期水体较肥时，适当减少花生麸和米糠的用量。

B. 不定期施用光合细菌：养殖过程中施用光合细菌，能有效吸收水体中的氨氮、亚硝酸盐和硫化氢等有害物质，减缓养殖水体富营养化，平衡浮游微藻藻相，调节水体pH。

养殖全程均可使用光合细菌。一般来说，以池塘水深1米计，有效菌含量5亿/毫升的液体菌剂，每次施用量为3.0～5.0千克/亩，每10～15天使用1次。若水质恶化、变黑发臭时，可连续使用3天；水色有所好转后，再每隔7～8天使用1次。

通常，使用光合细菌选择在天气晴好的上午进行，净水效果比较明显；但阴雨、弱光天气使用，也能发挥很好的净水作用。

C. 不定期施用乳酸杆菌：养殖过程施用乳酸杆菌，既能分解小分子有机物，平衡浮游微藻藻相，保持水体清爽、水色鲜活，又能吸收养殖水体中的氨氮、亚硝酸盐、硫化氢等有害物质，明显净化水质。

养殖全程均可使用乳酸杆菌。一般来说，以池塘水深1米计，有效菌5亿个/毫升的液体菌剂，每次施用量为2.5～4.5千克/亩，每10～15天使用1次。若遇到养殖水体溶解态有机物含量高、泡沫多的情况，施用量可适当加大至3.5～6千克/亩。

施用芽孢杆菌、光合细菌、乳酸杆菌等有益菌以后，正常情况下，3天内不要使用消毒剂。若水质不良，确实必须使用消毒剂，则应在消毒后2～3天，重新施加菌剂。若刚使用消毒剂或抗生素，则应在停药2～3天后再使用菌剂。

液体菌剂使用前需摇匀，以池水稀释后全池均匀泼洒。活菌产品开启包装以后要尽快使用。

D. 种植水生生物：水生植物能通过光合作用，利用池水中的二氧化碳、氮、磷等营养元素合成自身有机物质，使池水保持较高溶氧状态，促进有机物质在有氧状态下的分解过程，可以改良富营养化的池水，在一定时间内可大幅度降低池水的COD。

试验证明，在虾池水面种植海马齿（图2-12），能吸收池水中的有机物，净化水质。

图 2-12　高位池水面种植海马齿

E. 适时使用水质、底质改良剂：使用水质、底质改良剂，就是利用物理、化学的调控原理，促使污染物絮凝、沉淀、氧化还原和络合等，去除水中的污染物，从而改善水环境。

石灰（氧化钙）：生石灰是一种改善水质的传统物质，价格比较便宜，为广大养虾者所接受，具有消毒、调整 pH 和络合重金属等作用。高位池养殖一般在中、后期使用，特别是在暴雨过后使用生石灰调整 pH，每次使用量为 5～10千克/亩。

沸石粉：沸石粉是一种碱金属或碱土金属的铝硅酸盐矿石，内含许多大小均一的空隙和通道，并含有可交换性盐基、多种金属氧化物和氧化钙等，可吸附各类有机腐化物、细菌、氨氮、甲烷和二氧化碳等有毒物质，与水中硫化氢作用，生成无毒的硫化铁，调节池水 pH 等作用。

高位池养殖的前、中、后期均可使用，隔 15～20 天使用 1 次。养殖前期每次施用 5～10 千克/亩，中、后期每次施用 15～20 千克/亩。

过氧化钙：过氧化钙（CaO_2）是白色或淡黄色结晶性粉末，粗品多为含结晶水的晶体（$CaO_2 8H_2O$），是过氧化钠与钙盐溶液相互作用后的产物。过氧化钙化学性能不稳定，入水后能缓慢地释放出初生态氧和氧化钙，初生态氧具有很强的杀菌力，氧化钙具有生石灰的功能。所以，过氧化钙具有供氧、杀菌、缓解酸毒和平衡 pH 的作用。

高位池养殖的中、后期应经常使用，在水质不良、天气闷热夜晚时，当晚直接泼洒 10～15 千克/亩，既可预防浮头，又可直接氧化改良底质。若发生浮头时，则立即施用 10～20 千克/亩抢救。

过氧化氢溶液；俗称双氧水（H_2O_2），为无色透明液体，无味或类似臭氧的气体。含 $H_2O_2$2.5%～3.5%，浓双氧水含 $H_2O_2$26%～28%，具有抑菌、杀菌、氧化及释放氧的作用，可用于改良池塘水质和底质，降低池水的化学耗氧量及作为鱼、虾浮头的急救剂。使用时应利用特殊的水底喷洒器，喷入水底。实践证明，使用过氧化氢溶液抢救对虾缺氧非常有效。

（六）日常管理工作

养殖成功与否与日常管理工作息息相关，若没有严格的管理，多好的技术方案也是一句空话，因此有“三分技术、七分管理”的说法。

养殖管理人员每天至少应该做到早、中、晚 3 次巡塘。具体工作主要如下：

（1）每天早晚测定气温、水温、盐度、pH、水色和透明度等，每周测定 DO、氨氮、亚硝酸盐和硫化氢等指标。

（2）掌握对虾摄食情况，在每次投喂饲料 1～2 小时后，观察对虾的肠胃饱满及摄食饲料情况。

（3）观察对虾活动分布情况，游动是否正常。

（4）观察中央排污口是否漏水，每天在中央排污口捞底 2 次，观察是否有病死虾及病死虾量、对虾蜕壳情况。

（5）观察水质状况，是否需要换水，调节进、排水。

（6）定期取样检测浮游生物的种类与数量，并采取有效措施稳定养殖水体中的有益藻相，防止有害浮游生物的生长。

（7）定期测定对虾的体长和体重，养殖中、后期每隔 10 天抛网估测池内存虾量，及时调整不同型号的对虾饲料，决定收获时机，安排生产。

（8）每天检查增氧机是否按要求开启，并检查增氧机、水泵及其配套保护开关是否正常运作，定期试运行发电机组。

（9）饲料、药品做好仓库管理，进、出仓需登记，防止饲料、药品积仓。

（10）做好养殖过程有关内容的记录（如放苗量、进排水、水色、施肥、发病、用药、投料、对虾蜕壳和收虾等），整理成养殖日志，以便日后总结对虾养殖的经验、教训，实施“反馈式”管理。建立对水产品质量可追溯制度，为提高养殖水平提供依据和参考。

（11）清除养殖场周围杂草，保障道路通畅，保障后勤，改善工人福利。

四、收获

（一）适时收获

适时掌握对虾的生长情况和市场需求，当对虾达到商品规格时，市场价格适当，要考虑及时收获，取得满意的收成。当养殖场周围其他虾池有大规模暴发虾病的迹象，并可能影响本养殖场的正常生产时，也应适时收虾。

收获前应留意是否用药，如有用药必须过了休药期，经抽样检测保证质量安全，达到入市要求，方可收获。

（二）收虾方法

收获时，一般将池水排至40～60厘米水深时，采用渔网起捕。当池中对虾不多时，可采用排干水收虾。

五、养殖污泥及废水的处理

养殖后期，用吸污泵在吸出中央排污口周围沉淀的污泥，集中到不影响养殖生产的地方，经曝晒后可以作为农用肥处理。

养殖区域设置养殖废水排放沟渠，养殖废水排入排放沟渠内，在沟渠中进行综合生态治理，使养殖废水净化后再排入海区或者回用。具体的做法是，在排放沟渠中合理布局养殖一些大型藻类和滤食性的鱼、贝类，大型藻类可吸收水体中的氮磷等无机营养盐，滤食性鱼、贝类可滤食水体中的有机颗粒、细小生物，而水体中的细菌和细小生物也在起着分解、转化物质的作用。通过生物的协同作用，降解、转化、吸收养殖废水的污染物质，达到无害化排放，使养殖废水不污染养殖水域。试验表明，进行废水生物处理示范应用，养殖废水经生态菌处理区降解，总磷降低了77.6%、总氮降低了77.05%、COD降低了8.82%；养殖废水经菌鱼藻混合处理区降解，总磷降低了83.2%、总氮降低了 84.43%、COD 降低了 17.65%。现场观察养殖废水通过多态位综合降解处理，水体悬浮物质明显减少，水质清爽（图 2-13、图 2-14）。

图 2-13 养殖沟渠生态处理养殖排放水

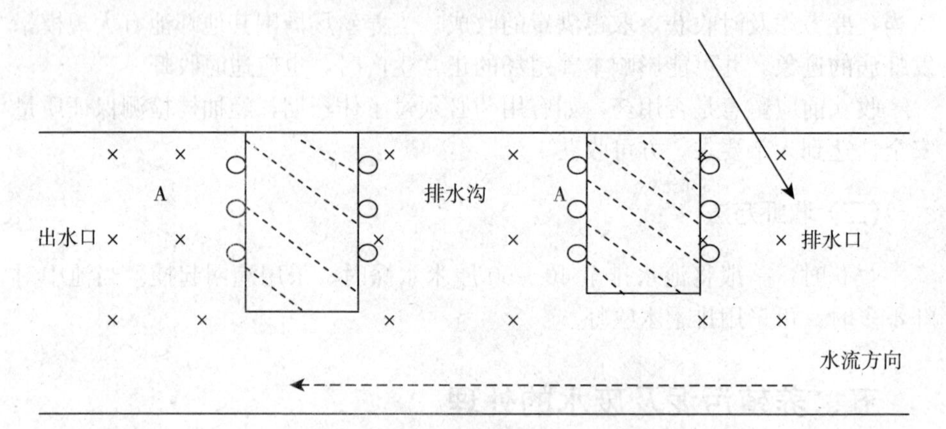

图 2-14 养殖排放水沟渠多态位综合处理设计流程图

○——浮球 A——海藻网（浮球使网帘漂浮，规格 2 米×2 米×0.4 厘米），×——滤食性鱼类

第二节 南美白对虾高位池越冬养殖模式

一、养殖模式特点

（1）与周边地区传统高位池养殖相比，应用本技术，对虾年产量可提高 30%以上。由于对虾收获避开了普通养殖技术模式收虾的高峰期，使对虾售价平均提高了 16～22 元/千克，经济效益提高 70%以上，从而有效地提高了养殖者的生产效益。

（2）进行越冬棚养殖的对虾养殖组合与周边地区传统方法相比较，可明显增加养殖场养殖时间，提高了养殖场的利用效率。

（3）在养殖池底部设置底部增氧装置，增加了越冬养殖池塘底部的溶解氧，提高了养殖污物的降解，降低了养殖水体中有毒有害物质的含量，降低了养殖风险，保证了养殖对虾的健康生长。

（4）在越冬养殖中通过表面吸污装置和中央排污装置，减少了污染物的排放，有效保障了养殖环境的稳定。

二、养殖技术

（一）高位池越冬棚建造

1. 整理池塘 选择水质环境良好、面积 1.5～6 亩、水深 2.5 米以上的高位池，搭建冬暖棚较为适宜。虾塘面积不宜过大，否则水质不易控制。要保持一定的水位（不低于 1.8 米为宜），水深过浅，则水温变化较大，对虾生长空间较小，不利于南美白对虾的健康生长。

由于越冬养殖周期长，且又在温棚内，因此搭棚前应彻底曝晒塘底，清塘消毒工作是养殖成功的关键之一。搭建温棚时应保留一定数量的通风口，晴天光照强、气温高时，可掀起两边通风口对流吸纳新鲜空气和排出棚内污浊空气（图 2－15）。

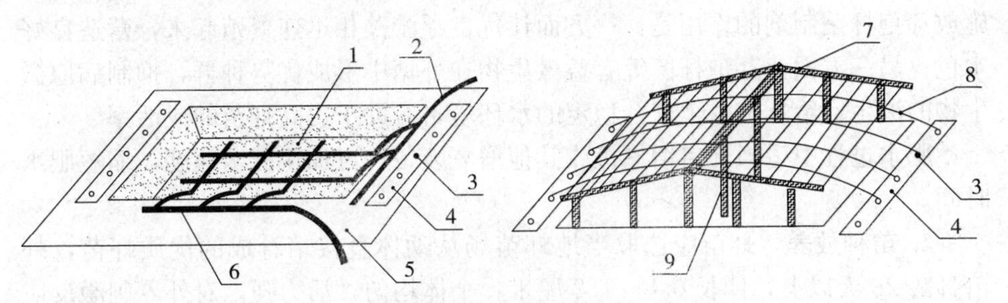

图 2－15 越冬暖棚对虾养殖池的结构示意

1. 养殖池 2. 送氧管路 3. 钢丝绳接头 4. 钢丝护蹲 5. 排污管 6. 中央排污管路 7. 支架木桩 8. 钢丝绳网 9. 主木桩

2. 越冬棚建造 养殖池底应铺设排污管路及送氧管路，养殖池塘基地面上设有钢丝护蹲及护蹲内的钢丝绳接头，养殖池上方铺设越冬棚，覆盖塑料薄膜，塑料薄膜上由钢丝绳拉网式覆盖固定，钢丝绳再与钢丝绳接头连接固定。

养殖池底部铺设有中央排污管路及送氧管路，送氧管路与池外增氧装置相连；养殖池塘基两侧开挖有排雨沟，从而保证雨水不会回流到养殖池内；越冬棚包括垂直插设于养殖池中央的1排主木桩，以及方向垂直于主木桩排列方向、且沿养殖池边设置的“个”字形支架木桩，支架木桩由钢丝绳丝绳缠绕固定，两侧的支架木桩顶部之间再牵拉钢丝绳网横跨于养殖池上，形成具有坡度的越冬棚顶。

钢丝绳与塑料薄膜之间在与越冬棚木桩接触的部位上垫入护垫，以防止塑料薄膜被钢丝绳勒破；钢丝护蹲由水泥浇注，其中固定地埋设钢丝绳接头，钢丝绳接头上安装有起固定作用的螺丝；塑料薄膜上层还铺设有一层大网目网衣，可防止塑料薄膜被风吹而损坏；越冬棚朝海方向的一侧面，开设有用于通风及人员进出的门。

（二）养殖关键技术

1. 培水与施肥 放苗前的培水，主要是培养水体中的单细胞浮游藻类，促使优良微藻成为优势种，同时使有益菌占优势。由于冬棚的透光度较差，会影响藻类的生长，所以肥水宜早，时间宜长。

（1）*施用藻类营养素* 施放促进优良单细胞藻类生长的藻类营养素和有机无机复合肥。

（2）*施用芽孢杆菌制剂* 同日或隔日施用芽孢杆菌制剂，一般1千克/亩。施放芽孢杆菌制剂的作用是：一方面让优良浮游藻相迅速繁殖起来，营造良好水色；另一方面让芽孢杆菌等有益微生物在虾塘中形成优势种群，抑制病原微生物的滋生，给虾苗一个安全稳定的水环境，有助于提高虾苗的成活率。

肥水过程中适当开启增氧机或其他增氧装备，可加快肥水速度，缩短肥水时间。

2. 苗种放养 虾苗应选取当地虾苗场从幼体直接培育成的优质虾苗，虾苗日龄26天以上，体长0.8～1.2厘米，个体均匀，活力强，对外界刺激反应灵敏，健壮。

（1）*投苗时间* 投苗宜早不宜晚。如果在越冬期间进行2茬养殖，一般第一茬于8月底投放，第二茬于1月底投放；如果越冬养殖只是1茬，一般以11月上旬投苗较好，有条件的可在10月下旬搭棚盖膜前就对虾苗进行标粗（中间培育）。如果放苗过晚，由于水温偏低，虾苗生长过慢，对虾个体较小，御寒能力差，造成养殖风险加大、成本过高、养殖周期过长等种种不正常现象出现。

（2）投苗量　中间培育期间，养殖密度一般在 2 250～2 700 尾/米^2。高位池越冬棚养成，投放虾苗密度一般在 150～195 尾/米^2。养殖者可根据设施条件和市场需求，选择适合的放养密度。

（3）苗期投料时间　放苗后饲喂宜早不宜迟。放苗后第 2 天应开始投喂虾苗开口料或粉料，使虾苗在早期水温较高的环境中快速生长，进行“壮苗”，提高对虾体质。

3. 养殖期的水质管理　稳定水体 pH，降低氨氮和亚硝酸盐等有害物质含量，保持水体中优良藻相的生长，维持水色稳定，是南美白对虾越冬养殖成功的关键。

冬棚养殖南美白对虾过程中，经常会出现水色发暗或混浊等现象。这是由于水中某些藻类生长必需微量元素缺乏，藻类无法正常繁殖生长而出现的藻类老化、死亡的现象。

适当换水是一种有效改善水质的方法，但是由于虾塘内水质水温与外界相差过大，换水容易引起对虾产生强烈的应激反应。在这种情况下，应及时施用有益微生物制剂和高效底质改良剂，尽快去除水中过多的悬浮有机物，降解塘底有机废物，稳定池塘中有益微生物的数量和菌群。通过有益微生物学的异养作用，分解、吸收水中过多的有机物，降低氨氮、亚硝酸盐等的毒性，保持良好的水体环境。越冬养殖过程中每 5～7 天使用 1 次芽孢杆菌制剂，视水质情况，适当施放光合细菌、乳酸杆菌和水质调控剂，保持越冬棚养殖水质稳定。

4. 饲养管理　应采用高蛋白质、高能量的优质南美白对虾专用饲料，饲料规格随虾体生长而增大。1 个虾塘放置 2～3 个缯网，定时观察虾的摄食和生长情况。根据缯网有无残饵、虾胃饱满程度及虾粪便的多少、长短等综合判断，调节投喂饲料量，做到既不浪费，又能保证对虾的正常生长。由于水温较低，对虾的活动和代谢都处于较低水平，对饲料的需要量也相应降低。在饲料投喂时坚持少量多餐的投喂方法，投喂次数以 4 次/天为好。早晨少喂，投喂量占全天投喂量的 25%～30%，饲料的投喂以 1.5 小时内吃完，70%的对虾属于饱胃为准；下午或夜晚多喂，投喂量占全天投喂量的 70%～75%。

5. 立体增氧　冬棚养殖过程中增氧机的正确使用，是养殖成功的关键之一。由于冬棚内气压较低，空气不流通，所以叶轮式和水车式增氧机的增氧效率不高，往往每天开启增氧机十多个小时，还出现对虾缺氧浮头的现象。

正确的方法是，采用底部增氧与水面增氧配合使用，以底部增氧为主（图 2-16）。这样可以给池塘底部提供较多的 O_2，有利于有益微生物形成优势种群，抑制厌氧细菌的滋生，从而保证水体环境稳定，对虾生长速度加快。

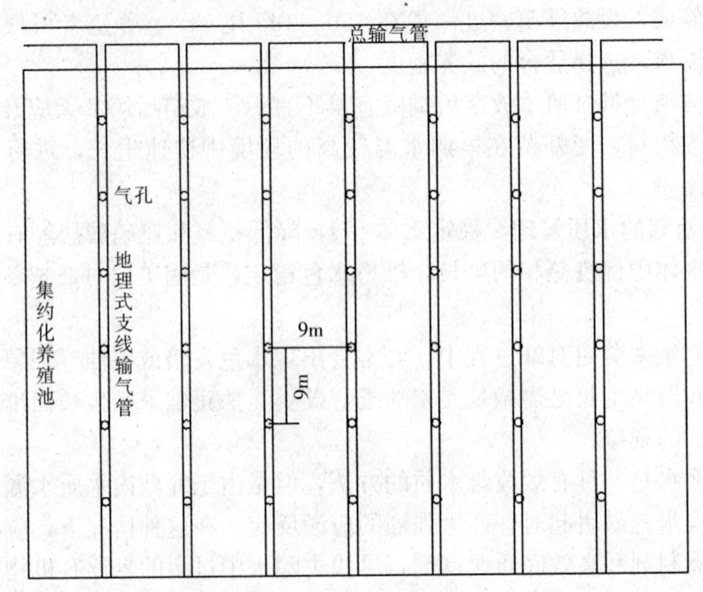

图 2-16　底埋式增氧系统的俯视图

6. 立体排污吸污技术　养殖前期不排水只添水；中期（虾体长 6～8.5 厘米）每隔 2 天以底部吸污管吸排底层池水；后期每天吸排底层 15 厘米的池水。排污之前通过中央排污管排 5～10 分钟的底部污水，将池底污物向中央集中，利于吸污彻底。养殖后期利用表面自动污装置，将表面污物吸除（图 2-17、图 2-18）。

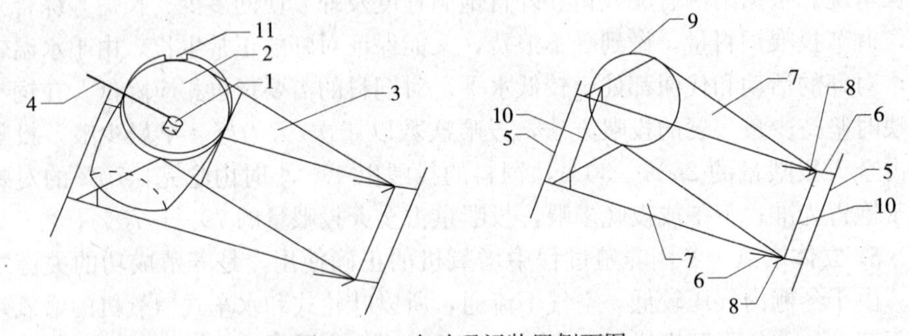

图 2-17　自动吸污装置侧面图

1. 吸污泵　2. 集污器　3. 集污器支架　4. 排污管　5. 底架　6. 斜杠　7. 三脚架　8. 螺纹　9. 卡套　10. 横梁　11. 凹槽

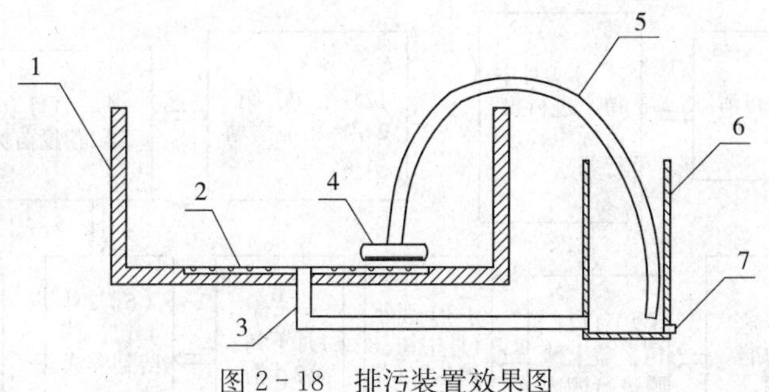

图 2－18　排污装置效果图

1. 养殖池　2. 中央排污管　3. 底部排污管　4. 移动吸污底盘
5. 移动吸污管　6. 排污井　7. 排污井排污管

7. 虾病预防　冬棚养殖南美白对虾，虾病的防治是一个十分重要的环节，贯穿于养殖的整个过程。而虾病的防治，重点在于预防，采取综合防治，急则治其标，缓则治其本、标本兼治等原则。以保障水体环境的稳定、良好，提高对虾免疫抗病能力，合理使用药物及生物制剂为主的综合防治手段，保证对虾健康生长，达到预防虾病的目的。其要点主要为：

（1）定期检测水质理化状况　整个养殖过程保持水温 20～35℃，溶解氧不小于 3.5 毫克/升，透明度 20～60 厘米，pH 7.6～8.8。每天早、晚定时监测 pH、水温和溶解氧，并记录备查。

（2）增强抵抗力　在饲料中定期添加维生素、大蒜浆、免疫多糖和鱼油等营养物质，提高对虾免疫抵抗力，促进对虾健康生长。

（3）定期投放有益微生物、高效底质改良剂等环境调控剂　定期投放有益微生物、高效底质改良剂等环境调控剂改良和调控水质及底质，保持水环境的稳定。一般情况下，在养成池最好少用或不用消毒剂。如果必须消毒，应选用刺激性小、耗氧量少、杀菌杀毒作用强的消毒剂。需经过蓄水消毒池进行消毒处理后，才可进入养成池（图 2－19）。

（4）及时治疗对虾疾病　一旦出现虾病，查明病因，对症施治。切忌长时间大剂量地使用消毒药物，药物的使用要有一定的间隔恢复期。同时，应配合使用维生素、免疫多糖等，保持对虾有充足的营养，提高对虾活力，减轻药物对健康虾的刺激。

越冬养殖是一个复杂的系统工程，养殖过程中各种异常现象的出现都必须采取综合治理的方法来处理，单一方法只能应急，不能解决根本问题。

8. 越冬棚对虾养殖流程　见图 2－19。

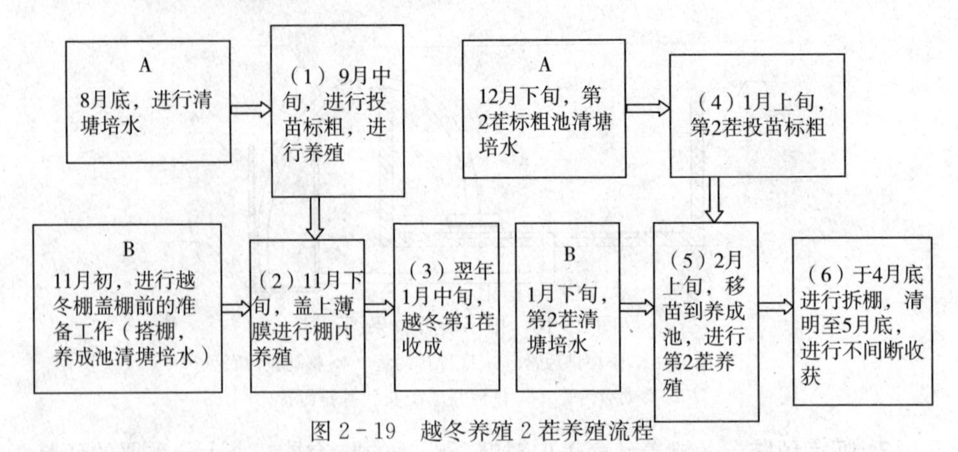

图 2－19　越冬养殖 2 茬养殖流程

注：①（1）～（3）为第 1 茬养殖时间，自 8 月底至翌年 1 月下旬，共 110 天左右。成虾规格为 50～70尾/千克，单产 2.25 千克/米^2。11 月底加盖保温棚。

②（4）～（6）为第 2 茬养殖时间，自 12 月下旬至翌年 4 月中旬，共 120 天左右。成虾规格为 70～100 尾/千克，单产 1.88～2.25 千克/米^2。

③ A 为投苗前清塘培水时间，在投苗前 7～10 天进行。

④ B 为养成池移苗前清塘培水时间，在移苗前 7～10 天进行。

⑤越冬养殖 2 茬，养殖单产为 4.23～4.5 千克/米^2，虾价比平时收获至少高出 8 元/千克，经济效益增加显著。

三、收获

（一）适时收获

适时掌握对虾的生长情况、市场需求和预判相关气候信息，当对虾达到商品规格时，市场价格适当，要考虑及时收获，取得满意的收成。当养殖场周围其他虾池有大规模暴发虾病的迹象，并可能影响本养殖场的正常生产时，也应适时收虾。同时，当气温低于南美白对虾耐受极限温度时（水温持续低于 12℃超过 5 天时），应考虑及时收捕，减少冻死损失。

收获前应留意是否用药，如有用药必须过了休药期，经抽样检测保证质量安全，达到入市要求，方可收获。

（二）收虾方法

收获时，一般将池水排至 40～60 厘米水深时，采用渔网起捕。当池中对虾不多时，可采用排干水收虾。

（三）养殖生产效益与分析

2007—2009 年，本养殖技术在汕尾红海湾鸿泰水产养殖进行了示范，均取得了越冬养殖 2 茬生产的成功，越冬养殖 2 茬单位产量为 3.75～4.35 千克/米^2，所有对虾均为当地收购商收购后进行活虾销售，满足了市场需求（表2-2）。

表 2-2　汕尾市红海湾鸿泰对虾养殖场越冬养殖情况

年份	面积（米^2）	单产（千克/米^2）	产量（吨）	单价（元/千克）	产值（万元）	利税（万元）
2007	17 333	3.75	65	32	208	71.5
2008	20 000	4.05	81	35	283.5	113.4
2009	23 333	4.35	101.5	33	335	111.7

第三章
南美白对虾滩涂池塘养殖

第一节　南美白对虾滩涂池塘基本养殖模式

一、南美白对虾滩涂池塘基本养殖模式特点

南美白对虾滩涂池塘养殖模式，是指在滩涂上建造池塘进行南美白对虾养殖的一种模式。早期建造的滩涂养殖池塘面积比较大，通常在10～50亩不等。近些年建造的养殖池塘面积较小，有些地方也把面积较大的池塘改为面积较小的池塘，多数池塘的面积在3～10亩，池深多为1.2～1.5米，具有相对独立的进、排水系统，配备一定数量的增氧设施（图3-1）。滩涂池塘养殖南美白对虾，放苗密度一般为4万～5万尾/亩，也有放养10万尾/亩左右实行多次收获的。放苗前培养优良浮游微藻种群和有益微生物生态，营造良好的水体环境，池塘中丰富的基础饵料生物可为幼虾提供营养。养殖过程投喂优质人工配合饲料，实施半封闭式的管理模式，养殖前期添水，养殖后期少量换水，养殖过程施用芽孢杆菌、光合细菌、乳酸杆菌等有益菌及其他水质、底质改良剂。通过优化养殖水体的生态环境，达到减少用药、提高养殖对虾成活率和养殖效益的

图3-1　对虾滩涂养殖土池

目的。滩涂池塘养殖南美白对虾，单茬产量一般为400～600千克/亩（图3-1）。

二、南美白对虾滩涂池塘养殖技术

（一）养殖池塘的整治与除害

1. 池塘清淤修整　对虾养殖池塘经过一个周期的养殖生产，往往容易积聚大量的有机物、有害微生物、病毒携带生物及有害微藻等。这些有机物在分解时需要消耗大量的氧气，有机物过多将导致养殖过程池塘底部水层缺氧，而在缺氧情况下有机质无法进行氧化分解，极易形成如组胺、腐胺、硫化氢等有毒有害的中间代谢产物，不利于养殖对虾的生存。有害微生物、病毒携带生物及有害微藻等多是诱发养殖对虾病害的有害生物，严重威胁养殖对虾的健康和环境的安全。对虾属于底栖性生物，池塘底质环境不良，轻者影响对虾生长，重者造成对虾窒息死亡或发生病害死亡。所以，为保障养殖生产的顺利进行，提高对虾养殖的成功率，在养殖收获后和养殖之前必须切实抓好池塘的清淤修整工作。

池塘清淤，主要是利用机械或人力把养殖池塘底部的淤泥清出池外。上一茬养殖收获结束后，应尽快把虾池水体排出，及时将池内污物冲洗干净（图3-2），

图3-2　水枪冲洗与泥浆泵吸污

池塘底质为沙质的应反复冲洗。清除的淤泥应运离养殖区域进行无害化处理，不可将淤泥推至池塘堤基上，以防下雨时随水流回灌池塘中。清淤完毕，即可对池塘进行修整。

池塘修整包含两方面的工作：其一，要把池塘底部整平（图 3－3），凹凸不平的池底易于堆积淤泥（图 3－4），不利于对虾生长，也不利于底质管理和收获操作；若池底的塘泥较厚，水位较低，可考虑清出部分底泥（图 3－5）。其二，全面检查池塘的堤基、进排水口（渠）处的坚固情况，有渗漏的地方应及时修补、加固，以防养殖期间水体渗漏。

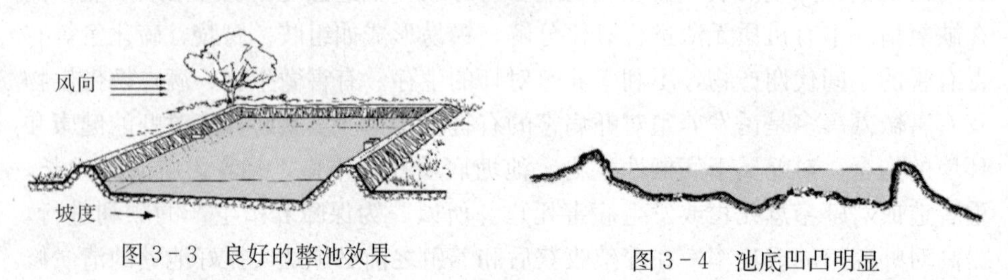

图 3－3 良好的整池效果

图 3－4 池底凹凸明显

图 3－5 推土机将底泥推出

2. 晒池 修整工作完成后，在池塘中撒上石灰，并对池底翻耕，再次曝晒。一般来说，晒池时间越久，有机质氧化和杀灭有害生物的效果越好，清淤彻底的池塘进行数天至 15 天曝晒即可，淤泥较多的池塘应进行更为彻底的曝晒，使池底成龟裂状为佳（图 3-6）。

图 3-6　经充分曝晒的养殖池

3. 酸性池塘的处理　我国沿海地区，尤其是广东和广西，不少滩涂土壤呈酸性，直接在酸性土壤上挖建对虾养殖池塘，需要进行碱化处理，否则不利于对虾的成活和生长，生产效益低下。碱化的具体步骤为以下几个：

（1）在雨水少的季节，将池塘底土壤彻底曝晒并翻耕。

（2）经过一段时间的曝晒后，引入水源浸泡，数日后开始连续检测水体的 pH，待 pH 下降并稳定时，把池水排干。再重新进水浸泡、检测、排水。重复此进、排水过程 3～4 次。

（3）进、排水过程完成后，按 750～2 250 千克/亩的用量在池底洒上生石灰，中和池塘的酸性物质。

（4）在池塘中加入适量经发酵的有机肥，提高土壤的肥力。

（5）进水后定期向水体中施放白云石粉、贝壳粉或珊瑚粉等天然碳酸盐，提高水体的缓冲力。

由于鱼类的环境耐受性比对虾强，酸性池塘在进行一定程度的碱化处理之后，可以先养殖几茬经济鱼类，通过鱼类的养殖过程逐渐对池塘环境进行改良，使池塘底质酸性程度逐步减轻从而达到对虾养殖的要求，之后再进行对虾的养殖生产。

4. 池塘除害消毒　经过彻底清整和长时间曝晒的养殖池塘，可无需使用药物除害消毒，直接纳入水源。无法排干水、曝晒不彻底的养殖池塘，应使用药物进行除害消毒，避免池塘中存在有害生物。

对虾池塘养殖的有害生物主要有四大类，包括病原生物、捕食性生物、竞争性生物及其他有害生物。病原生物主要是病毒、病原菌等，它们可导致对虾活力下降、生长停滞，甚至大量死亡；竞争性生物多为一些小杂鱼，如斑鰶、鲻和杂虾、杂蟹、小贝类等，它们与养殖对虾争夺饵料及生存空间，从而影响对虾的生长；捕食性生物主要是一些捕食对虾的鲷科鱼类、鲈、乌塘鳢、四指马鲅、弹涂鱼和乌贼等；其他有害生物有危害养殖对虾健康的种类，如纤毛虫、夜光虫、甲藻、蓝藻及各种寄生虫等，也有危害养殖设施的种类，如船蛆、凿石蛤可破坏闸门、闸墙和闸墩等。

对虾养殖池塘的除害消毒，应针对不同情况和除害对象，根据国家相关规定选择安全高效的渔用消毒药物，杀灭池塘中的非养殖生物和病原生物。用药的关键是，选用安全高效的药物和注意用药的时间间隔，既要杀灭有害生物，又要避免药物残留危害养殖对虾的健康生长，常用药物有鱼藤精、茶籽饼、生石灰、漂白粉和敌百虫等。

通常，在放苗前 2 周选择晴好天气进行除害消毒（图 3－7）。应选择高效、无残留的药物种类，根据药品说明书上的说明科学用药，并视药物的种类、池塘的既往发病经历、池水的理化条件等多种因素确定药物使用量。用药前要先排干池中原有水体，在闸门处安装 60～80 目的筛绢网，通过筛绢网过滤纳入少量水，施药除害消毒，进水不需过多，以免浪费药品。使用药物时应使药物分布到虾池的角落、边缘、缝隙和坑洼处，药水浸泡不到的地方应多次泼洒。池塘浸泡 24 小时后，使用茶籽饼或生石灰后无须排掉残液，可直接进水到养殖所需水位；使用其他药物后，应尽可能把药物残液排出池外，重新进水冲洗再排出，再进水到养殖所需水位。

图 3－7　虾池除害消毒

常用药物的除害对象与使用方法见表3-1。

表3-1 池塘消毒常用药物参考剂量及使用方法

药物名称	有效成分	使用量（千克/亩）	杀灭种类	失效时间（天）	使用方法	备注
生石灰	氧化钙	75～150	鱼、虾蟹、细菌、藻类	7～10	可干撒，也可用水化开后不待冷却泼洒	提高pH，改善池底通透性
漂白粉	有效氯28%～32%	10～40	鱼、虾蟹、贝类、细菌、藻类	3～5	溶水后泼洒	避免使用金属工具，操作时需戴上口罩
茶籽饼	茶皂素12%～18%	20～30	杂鱼	2～3	敲碎后浸泡1～2天，浸出液连渣稀释后泼洒	残渣可以肥水
鱼藤精	鱼藤酮5%～7%	15～20	杂鱼	2～3	浸泡后泼洒	对其他饵料生物杀伤性小
敌百虫	50%晶体	1～1.5	虾蟹、寄生虫	7～10	稀释后泼洒	操作时禁止吸烟、进食和饮水
杀灭菊酯	2.5%溴氰菊酯或4.5%氯氰菊酯	10～20毫升/亩	虾蟹、寄生虫	5～6	稀释后泼洒	操作时禁止吸烟、进食和饮水

（二）养殖水体的处理与培育

1. 养殖用水的进水处理 养殖池塘经清淤、整修、曝晒和消毒除害之后，选择水源条件较好时，通过开启进水闸门纳水或者抽水引入水源。为了保证用水安全，应对引入的水源进行处理。

养殖水源需经过过滤和沉淀后再进入池塘，以去除水体中悬浮性或沉淀性的颗粒物及其他一些生物，减少水源中的杂质和非养殖生物对养殖对虾的影响。滩涂池塘水源多采用筛绢网过滤的方式，筛绢网的孔径通常为60～80目，滤除粒径较大的杂质或生物，可根据不同地区的水源状况，选择合适孔径的筛绢网。

随着对虾养殖的集群式发展，有些地区的对虾养殖场过于集中，且各养殖场的进、排水口距离相隔不远，水源质量难以保障。因此，有条件的养殖场应配备专门的蓄水消毒池对水源进行处理。在放养虾苗前进水时，可将水源直接引入池塘，然后进行水体消毒处理，养殖过程进水则先引入蓄水消毒池，经沉淀、消毒处理后再引入养殖池塘。

池塘进水时，可选择先进水至一定水深，养殖过程再逐渐添加新鲜水源至满水位，也可一次性进水至满水位，具体要根据水域环境特点和水源供应便利情况而定。

水源不充足的地方或者进水不便的池塘，应一次性进水至满水位（水深可根据池塘的具体情况而定，一般应为1.3米以上），养殖过程不再添、换水，实行封闭式养殖，因蒸发作用导致水位降低时酌情补充新水。水源充足的地方或者进水方便的池塘，可先进水至水深1米左右，养殖过程根据对虾的生长和水体变化情况，逐渐添加新水至满水位，还可适当换水。

进水时还应充分考虑到水源盐度变化的情况，开放性沿海区域的水源盐度相对较高，濒临河口地区的水源由于雨水影响往往盐度变化较大，应根据苗种以及养殖需要，对水体盐度进行调节。抽取地下水的水源应先曝晒、曝气后再使用，以去除水中的还原性物质和增加水中溶解氧。

2. 养殖水体消毒 池塘进水到合适的水位，选用安全高效的水体消毒剂对水体进行消毒，杀灭水体中潜藏的病原微生物及有害微藻等。养殖生产常用水体消毒剂多为含氯消毒剂或海因类消毒剂，对多种致病菌、病毒、霉菌及芽孢均具有极强的杀灭作用，但对浮游微藻的损害较小。使用时，按照说明书标注的用量用法进行水体消毒。如果进水量较大，亦可采用“挂袋”式消毒方式，将消毒剂装入麻包袋捆扎成“药袋”，挂于进水口处，调节进水闸口至适当大小，使水源流经“药袋”再进入池塘，可对进水进行消毒处理。

3. 优良养殖水体环境的培养 养殖水体消毒以后，放养虾苗之前，应培养优良浮游微藻和有益菌生态优势，通过浮游微藻和有益菌的作用，促进虾池物质的循环，营造适合对虾生长的良好生态环境，同时为虾苗提供优质的饵料生物。

浮游微藻是对虾养殖池塘生态系统中极其重要的组成部分，对虾池的物质循环、能量流动以及养殖生态系统的平衡具有举足轻重的作用。浮游微藻通过光合作用增加水中溶氧量，为对虾和浮游生物的生长提供氧气，还可加速水体中还原性有害物质的氧化，优化水质，与养殖池塘的水体质量、对虾的健康水平及养殖池塘生态系统的平衡具有极大的相关性。浮游微藻主要有绿藻、硅藻、隐藻、金藻、蓝藻和甲藻等种类，一般来说，绿藻、硅藻和隐藻、金藻的种类多为优良微藻。在养殖初期，优良浮游微藻能通过浮游微藻-浮游动物-对虾和浮游微藻-对虾的食物链，为幼期对虾提供优质的天然饵料，提高养殖对虾的成活率。优良浮游微藻的繁殖生长，可为养殖水体营造一定的"水色"，使水体维持在一个合适的透明度，起到遮阴作用，使养殖对虾安定生长，并抑制底生藻类的繁殖。

细菌是环境物质循化过程必不可少的成员，养殖池塘中存在着各种各样的细菌，其作用功能和能力不同，按代谢机制可分为好气菌、厌气菌和兼性厌气菌，按属性可分为有益菌和有害菌、条件致病菌、致病菌。对虾养殖过程产生的代谢产物、残存饲料和浮游生物残体通过有益菌的降解，转化成为营养元素，为浮游微藻所利用，进而培养浮游动物；同时，有益菌在降解过程中不断增殖，并与其他微小生物和有机碎屑一起形成有益生物絮团，进入对虾食物链。

因此，如何有效培养优良的浮游微藻和有益菌的生态优势，营造适宜对虾健康生长的优良环境，是养殖前期管理的关键措施之一。池塘水体消毒后2～3天，待消毒剂药效基本消失后，施用水体营养素和有益菌，营造藻-菌平衡的良好养殖生态环境，使水色呈嫩绿色、黄绿色或浅褐色。一般应选择在放养虾苗前1周完成此项工作。

（1）*施用水体营养素*　池底有一定的沉积物、养殖水源营养水平相对较高的池塘，宜选择使用无机复合型营养素；水源营养贫瘠或者养殖时间不长的池塘，宜选择使用无机有机复合型营养素。无机复合型营养素应富含不易被底泥吸附的硝态氮和均衡的磷、钾、碳、硅等元素；无机有机复合型营养素应富含无机营养盐和发酵有机质。无机营养盐可直接被浮游微藻吸收利用，池塘原有的有机物和施用的有机物，可通过细菌的降解而得到有效利用。

（2）*施用芽孢杆菌*　在施用水体营养素的同时施用芽孢杆菌制剂。芽孢杆菌能够分泌丰富的胞外酶系，降解淀粉、葡萄糖、脂肪、蛋白质、纤维素、核酸和磷脂等大分子有机物，性状稳定，不易变异，对环境适应性强，在咸淡水环境、pH 3～10、5～45℃均能繁殖，兼有好气和厌气双重代谢机制，产物无毒。通过使用芽孢杆菌制剂，提高池塘环境中的菌群代谢活性，降解转化池塘中的有机物（池底存留的有机物、营养素中复配的有机物），使之成为可被微藻直接吸收利用的营养元素，促进微藻的快速生长，达到优化水体环境和为虾苗培育鲜活生物饵料的目的。此外，由于放苗前采取清塘和水体消毒等措施，池塘中微生物总体水平较低，及时使用芽孢杆菌有利于促进有益菌生态优势的形成，既可通过生态竞争抑制有害菌的繁殖生长，还可与其他微小生物或有机碎屑形成有益生物团粒，为虾苗提供优质的饵料。

施用浮游微藻营养素和芽孢杆菌 7 天左右，池水显示豆绿、黄绿和茶褐等优良水色，表明水体微藻种群以绿藻、硅藻、隐藻和金藻为优势，透明度达到 40～60 厘米，即可以准备放苗养殖。

（三）虾苗的选择与运输

1. 虾苗的选择 选购优质虾苗并进行科学合理的放养，是保证对虾养殖高产高效的一个重要前提。因此，切实做好虾苗的选择与放养工作，对养殖生产具有重要的意义。

在选购虾苗前应先到多个虾苗场进行实地考察，了解虾苗场的生产设施与管理、生产资质文件、亲虾的来源与管理、虾苗培育情况与健康水平、育苗水体盐度等一系列与虾苗质量密切相关的因素，再选择虾苗质量稳定、信誉度高的苗场进行选购。

（1）外表观察 虾苗选购时主要从感官上来把握，到虾苗培育池观测虾苗的游泳情况，健壮苗种大多分布在水体中上层，而体质弱一点的则集中在水体下层。可把待选虾苗带水装在小容器中观察（图 3-8），从以下几方面判断苗种质量：

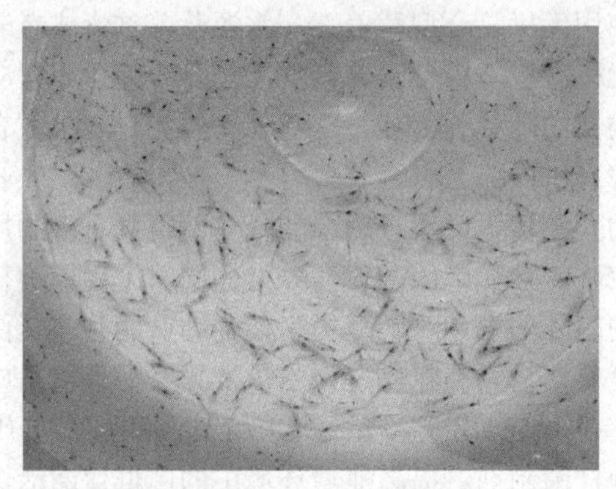

图 3-8 观察对虾外表

①虾苗个体全长为 0.8～1.0 厘米，群体规格均匀，身体形态完整，附肢正常、尾扇展开，触须长、细、直，而且并在一起。

②虾苗的身体呈明显的透明状，虾体肥壮，肌肉充满虾壳，无黑斑和黑

鳃，无白色斑点，无断须，无红尾和红体，无脏物和异物附着。

③虾苗肝胰腺饱满，呈鲜亮的黑褐色，肠道内充满食物，呈明显的黑粗线状。

④虾苗游动活泼有力，对外部刺激敏感，摇动水时，强健的虾苗由水中心向外游，离水后有较强的弹跳力。

（2）实验测试　为了确定虾苗的健康程度，可通过以下方法进行测试：

①抗离水实验：自育苗水中取出若干虾苗，放在拧干的湿毛巾上，包埋5分钟，再放回原育苗水体，观察虾苗的存活情况。全部存活为优质苗，存活率越低，苗质越差。

②温差实验：用烧杯取适量育苗水体并降温至5℃，捞取若干虾苗放入，几秒钟后虾苗昏迷沉底，再迅速捞出放回原水温的育苗水体中，观察虾苗的恢复情况。健康虾苗迅速恢复活力，体质差的虾苗恢复缓慢甚至死亡。

③逆水流实验：取若干虾苗和育苗水体放入水瓢中，顺一个方向搅动水体，停止搅动以后观察虾苗的运动情况。健康虾苗逆流而游或者伏在瓢的底部，体质弱的虾苗则顺水漂流（图3-9）。

图3-9　虾苗逆水流试验

（3）病源检测　为确保虾苗的质量安全，可委托有关部门检测是否携带大量的致病弧菌，以及白斑综合征病毒（WSSV）、桃拉综合征病毒（TSV）、传染性皮下及造血组织坏死病毒（IHHNV）、对虾肝胰腺细小样病毒（HPV）、传染性肌肉坏死病毒（IMNV）等对养殖对虾影响较大的特异性病毒。

2. 虾苗出场前的淡化培育　选购虾苗前，应了解育苗场培育虾苗的水体盐度和养殖场自身的水体盐度变化情况。若养殖池塘水体盐度远低于育苗水体，应要求虾苗场在出苗前1～2周，对虾苗进行渐进式淡化培育，逐渐降低虾苗培育水体的盐度，使出苗时育苗水体盐度与养殖池塘水体相同或接近。淡化过程盐度降幅每天不宜超过2，如果调节幅度过大，容易使虾苗体质变弱，影响运输和放养后的成活率。

如果条件允许，可以用预先准备好的少量养殖池水对准备出池的虾苗进行测试，以确保虾苗确实能适应养殖的水质环境。

3. 虾苗的计数与运输 虾苗的计数一般采用干量法。用1个多孔的小勺，捞取1勺虾苗，计数此勺的虾苗量，再以此勺作为量具，量出所需的虾苗量；也可采用其他量法（如无水称重法、带水称量法）计数。计算虾苗的数量应考虑各种因素。

虾苗的运输多采用特制的薄膜袋（图3-10），容量为30升，装水1/3～1/2，装入虾苗5 000～10 000尾，袋内充满氧气，水温控制在19～22℃，保证经过5～10小时的运输，虾苗仍可保持健康。如果虾苗场与养殖场的距离较远，运输时间较长，需酌情降低虾苗个体规格或苗袋装苗数量，并将虾苗袋放入泡沫箱（图3-11），箱内放入适量冰袋控温，用胶布把封扎泡沫箱口，严格控制运输途中的水温变化。同时，还应提前掌握好天气信息，做好运输交通工具衔接，尽量减少运输时间。

图3-10 装入薄膜袋的虾苗

图3-11 装入泡沫箱的虾苗

(四) 虾苗的放养

1. 放苗密度的控制 养殖池塘放养虾苗之前，应做好计划，放苗时准确计数，做到一次放足，以免养殖过程补苗。滩涂池塘养殖南美白对虾的放养密度，应综合考虑池塘水深、增氧强度、换水频率、虾苗的规格与质量、商品对虾的目标产量及规格、养殖技术水平和生产管理水平以及收获方式等多种因素。一般来说，养殖结束一次性收获的池塘，放苗密度通常为 4 万～5 万尾/亩；养殖过程多次收获的池塘，放苗密度可达到 10 万尾/亩。

放苗密度可参考以下公式计算：

$$\text{综合式：放苗密度(尾/亩)} = \frac{K(\text{平均水深}+\text{换水率})\times(1+\text{活饵率})}{\text{经验成活率}}$$

$$\text{产量规划式：放苗数量(尾/亩)} = \frac{\text{计划产量(千克/亩)}\times\text{计划对虾规格(尾/千克)}}{\text{经验成活率}}$$

式中　K——经验系数，取值范围 1 000～1 500，一般可取 1 200；

活饵率——饵料生物占总投饵量的百分比；经验成活率——依照往年养殖生产中对虾成活率的经验平均值估算，若所放养的虾苗经过标粗，体长达到 3 厘米左右，其经验成活率可按 85%计算。

2. 放苗时间的选择　南美白对虾对水温的适应性较好，温度为 15～36℃时可存活，最适生长温度为 26～32℃。当水温高于 20℃时且基本稳定即可放养虾苗，气温低于 20℃时需加盖温棚。在没有搭建温棚的条件下，在气温骤然升降、降雨、水温偏低的情况下放苗，虾苗成活率较低并且容易患病。

3. 放苗水体的基本要求　虾苗的环境适应性相对较弱，在放入养殖水体前应确保水质条件满足虾苗存活和生长的需求。一般来说，养殖水体溶解氧含量应大于 4.0 毫克/升，pH 7.5～9.0，水色呈鲜绿色、黄绿色或茶褐色，透明度 40～60 厘米，氨氮浓度小于 0.3 毫克/升，亚硝酸盐浓度小于 0.2 毫克/升，水体盐度与育苗场出苗时的水体盐度接近。

4. 虾苗放养方法　虾苗运至养殖场后，先将密闭的虾苗袋在虾池中漂浮浸泡 30～50 分钟，使虾苗袋内的水温与池水温度相接近，以便虾苗有一个逐渐适应池塘水温的过程（图 3－12）。然后，取少量虾苗放入池塘中的虾苗网（图 3－13）“试水”30 分钟左右，观察虾苗的成活率和健康状况，确认无异常现象，再将漂浮于虾池中的虾苗袋解开，在虾池中均匀释放虾苗（图 3－14），可观察到健康虾苗会立即游到池塘底部，而体弱虾苗则靠近水面随水漂流。

应选择在天气晴好的清早或傍晚放苗，避免在气温高、太阳直晒时放苗。应选择避风处放苗，避免在迎风处、浅水处和闸门附近放苗。

图 3－12　虾苗袋漂浮适应水温

图 3－13　虾苗试水观察

图 3－14　虾苗放养

养殖生产上，大多数的养殖者采取直接放养虾苗的方式，即将自育苗场购买的虾苗直接放养于养成池塘一直养至收获。但也有不少养殖者采用中间培育（标粗）虾苗的方式，即先将自育苗场购买的虾苗放养于相对较小的水体中集中饲养一段时间（20～30 天），待虾苗生长到一定规格（体长 3～5 厘米）后，再转移到养成池塘养至收获。

5. 虾苗的中间培育　采用虾苗中间培育有以下优点：

①中间培育池塘的面积较小，便于养殖管理，既可提高饵料的利用率，做到合理投饵，降低生产成本，又可增强虾苗的环境适应能力，提高养殖对虾的成活率；②可以合理安排虾苗中间培育时间与养成时间的衔接，有效缩短养殖周期，实现多茬养殖；③可以调节养殖季的时间差，相对延长整个年度的养殖

生产时间。

虾苗中间培育方式，有 池标法和网栏法两种：

（1）池标法　主要是利用面积较小的池塘（2～5 亩）集中培育虾苗，待虾苗长至一定规格再分疏于多个养殖池塘进行养成。也可在面积较大的养殖池塘中筑堤围隔小型池塘（图 3－15），在小池进行虾苗中间培育，然后通过小池闸门或者扒开池堤让幼虾直接游入大池进行养成。中间培育池塘面积与养成池塘面积的比例一般可按 1：（3～5）配置。

图 3－15　池塘标粗

（2）网栏法　主要是在养成池塘边缘适于管理操作的地方，用 40～60 目的筛绢网或不透水的塑料布搭建围隔进行虾苗的中间培育（图 3－16）。围隔容积视养成池塘的条件、计划产量和虾苗放养数量等具体情况而定，一般为养成池塘水面面积的 10%～15%。虾苗培育至体长 3～5 厘米时，将拦网撤去便可使幼虾疏散至整个养成池塘中。这种方式的优点是不必另外设置中间培育池塘，而且可在养成池塘内集中对虾苗培育进行有效的管理。

中间培育池塘/围隔的前期处理与养殖池塘相同，放苗前应进行池塘清整除害和水体消毒，然后使用浮游微藻营养素和有益菌制剂培育浮游生物和有益菌。一方面为虾苗营造优良且稳定的栖息环境；另一方面水体丰富的浮游生物和有益菌团粒作为虾苗的生物饵料。中间培育池塘/围隔应有充足的增氧设施，最好能安装充气式增氧系统，保证水体溶解氧的供给。中间培育虾苗放养密度一般为 120 万～160 万尾/亩，培育过程应投喂优质饵料，前期可加喂虾片和

图 3-16　围网标粗

丰年虫进行营养强化，以增强幼虾体质和提高抗病力。

虾苗中间培育应注意如下事项：

（1）放苗密度不宜过大，以免影响虾苗的生长。

（2）培育时间不宜过长，一般经 20～30 天培育，幼虾体长达到 3～5 厘米时要及时分疏转移到养成池塘。

（3）分池时，应保证养成池塘水质条件与中间培育池接近，注意保持水环境的稳定，以免幼虾移池以后产生应激反应。

（4）应选择清晨或傍晚进行分疏移池，避免太阳直射，移池的距离不宜过远，避免幼虾长时间离水造成损伤，整个过程要轻、快，防止操作剧烈或环境骤变引起幼虾产生应激反应。

（五）配合饲料的选择与投喂

1. 饲料的选择　优质的饲料，是保证养殖对虾营养供给的第一个重要环节，饲料的质量状况对养殖对虾的生长和健康水平具有重要的影响。首先，饲料是养殖对虾的营养物质提供源，营养配方是否均衡、选用原料是否优质，直接影响到对虾的生长及健康水平；其次，饲料的适口性、可溶性等影响饲料的利用率，过多的残存饲料或饲料溶出物将造成养殖水质污染，影响到对虾的健康生长。

一般来说，优质的对虾配合饲料具有以下特点：

（1）营养配方全面、合理，能有效满足对虾健康生长的营养需要。

（2）水中的稳定性好，颗粒紧密，光洁度高，粒径均一。

（3）原料优质、饲料系数低，具有良好的诱食性。

（4）加工工艺规范，符合国家相关质量、安全和卫生标准。

选择饲料时，依据饲料生产厂家提供的质量保证书，并通过“一看、二嗅、三尝、四试水”的直观方法，对饲料的质量进行初步判断：

一看外观：优质的对虾饲料颗粒大小均匀，表面光洁，切口平整，含粉末少。

二嗅气味：优质饲料具有鱼粉的腥香味，或者类似植物油的清香；质量低劣的饲料没有香味，或者有刺鼻的香精气味，或者只有面粉味道。

三尝味道：可用口尝检测饲料是否新鲜，有没有变质。

四试水溶性：取一把虾料放入水中，30 分钟后取出观察，用手指挤捏略有软化的工艺优良，没有软化的则有原料或者工艺问题。在水中浸泡 3 小时后仍保持颗粒状不溃散的为优，过早溃散或者难以软化的饲料则存在质量问题。

2. 饲料的科学投喂　饲料的科学投喂，是保证养殖对虾营养供给的第二个重要环节。把握好合理的投喂时间、投喂次数和投喂量，不仅有利于促进养殖对虾的健康生长，还可降低饲料成本，减轻水体环境负担，提高养殖综合效益。可通过在池塘中设置饲料观察台，观察对虾的摄食和生长情况。

（1）饲料观察台的设置　饲料观察台（图 3－17）一般设置在距离池塘堤坝 3～5 米的地方，同时，距离增氧机也有一定距离，以避免水流影响对虾的摄食，从而造成对全池对虾摄食情况的误判。

图 3－17　饲料观察台设置

（2）开始投喂饲料的时间　开始投喂饲料的时间，要根据放苗密度、池塘基础饵料生物量等因素而定。一般来说，若池塘基础饵料生物丰富，水色呈鲜绿色、黄绿色或茶褐色，透明度约30厘米，放养0.8～1.2厘米的虾苗，在7～10天可以不必投喂人工饲料。若池塘基础饵料生物不丰富，则应在放苗第二天开始投喂饲料。如果放养经中间培育、体长3厘米以上的虾苗，则当天或第二天就应该投喂配合饲料。可通过在饲料台放置少量饲料，来判断对虾是否开始摄食，以准确掌握开始投喂配合饲料的时间。

（3）饲料投喂量的控制　日投喂饲料量可以通过估测池内对虾的尾数，根据实测对虾的体长、体重，计算出理论的日投喂量（表3-2）。但饲料投喂量受到天气、水质环境情况、池内对虾密度及体质（包括蜕壳）等多种因素的影响，实际投喂量应根据情况及时调整。

表3-2　南美白对虾日投饲料量的参数

体长（厘米）	体重（克/尾）	日投饲料率（%）
≤3	≤1.0	12～7
≤5	≤2.0	9～7
≤7	≤4.5	7～5
≤8	≤12.0	5～4
>10	>12.0	4～2

每次投喂饲料时，在饲料观察台放置约为投料总量1%的饲料量，投料后1.5小时观察饲料台的对虾摄食情况（图3-18）。若有饲料剩余表明投喂量过大，可适当减少投料量；若无剩余，且80%的对虾消化道有饱满的饲料，表明投喂量较为合适；若对虾消化道饲料少，则需要酌量增加投料量。

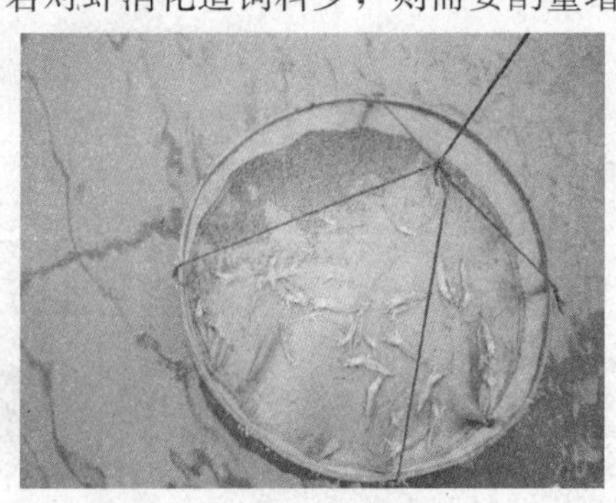

图3-18　饲料台观察摄食情况

（4）饲料投喂次数与位置　南美白对虾在黎明和傍晚摄食活跃，根据其生理习性，应昼夜投喂，滩涂池塘养殖一般每天投喂2～3次为宜，在7：00、18：00或者7：00、12：00、18：00进行投喂。其中，白天投喂量占全天投喂量的40%，晚上占60%。每天投喂时间应相对固定，使对虾形成良好的摄食习惯。

南美白对虾是散布在全池摄食的，所以投料时在池塘四周多投，中间少投，再根据各生长阶段适当调整投料位置。小虾（体长5厘米以下）活动能力较差，在池中分布不均匀，主要投放在池内浅水处或浅滩；而中、大虾则可以全池投放。投喂饲料时应关闭增养机1小时，否则饲料容易被旋至池子中央与排泄物堆积一起而不易被摄食。

（5）投喂饲料的注意事项

①傍晚后和清晨多投喂，烈日条件下少投喂。

②水温低于15℃或高于32℃时少投喂。

③天气晴好时多投喂，大风暴雨、寒流侵袭（降温5℃以上）时少投喂或不投喂。

④对虾大量蜕壳的当日少投喂，蜕壳1天后多投喂。

⑤水质良好时多投喂，水质恶劣时少投喂。

⑥养殖前期少投喂，养殖中期多投喂，养殖后期酌量少投喂。

3. 营养免疫调控　当对虾开始摄食颗粒饲料时，可以选择维生素、益生菌、免疫蛋白、免疫多糖、中草药等免疫增强剂拌料投喂，增强对虾体质，提高对虾抗病机能，从而达到抑制疾病发生的目的。

（六）养殖用水管理

养殖用水的科学管理，可有效维持池塘水环境的稳定，减少养殖对虾应激反应和感染病害的概率，提高养殖生产的成功率，还能节约水资源，减少添换水方面的支出成本，提升综合效益；同时，减少养殖尾水对水域环境的负面影响。

1. 随时掌握水源状况　进水前应充分了解水源状况，选择水源条件较好时引入养殖用水，避免引入受污染或者携带大量病原菌、蓝藻和甲藻等有害生物的水体。

2. 养殖之前的进水　养殖前可直接将水引入池塘，使用水体消毒剂对养殖用水进行消毒。水源充足、进水方便的池塘，可先进水至1米水位，养殖过程再逐渐加水至满水位；水源不充足、进水不方便的池塘，应一次性进水到满水位。

3. 养殖过程水交换 养殖过程控制池塘水的交换频率和交换量，既节约水资源，又降低外来污染和病害交叉感染的风险，减少养殖对虾应激反应和感染病害的概率。养殖前进水至1米水位的池塘，在养殖前期（放苗1个月内）不需添、换水，养殖中期逐渐添水至满水位，养殖后期根据池塘水质变化、对虾健康状况、水体藻相结构和密度和水源质量情况适当换水，每次添（换）水量不宜过大，控制在池塘总水量的5%～15%为宜，尽量保持池塘水体环境的稳定。养殖前进水至满水位的池塘，在养殖过程实现封闭式管理，如因水分蒸发导致水位下降，可适时添加少量水源补充水位。养殖过程引入的水源应经过过滤、沉淀或消毒以后再进入对虾养殖池，避免由水源带入污染和病原。

4. 设置蓄水池 由于经济的快速发展，对虾养殖的快速发展，有些地区养殖场密集，交叉污染严重。为保证水源质量，有条件的可设置蓄水消毒池，先将水源引入蓄水池进行沉淀、消毒处理后再引入养殖池，既可避免由水源带入的污染和病原生物，保证养殖对虾的健康，又可保证优质水源的供应。另外，还应综合考虑水源盐度情况，在有些地区不同季节、不同潮汐情况下水体盐度存在较大的差别，为保持养殖水体环境稳定、避免造成对虾应激反应，所进水源可在蓄水池中将盐度调节至与养殖水体接近后再引入池塘。

（七）养殖过程环境调控

1. 定期施用芽孢杆菌制剂 养殖过程施用芽孢杆菌，有助于形成有益菌生态优势，及时降解转化养殖代谢产物，使池塘物质得以良性循环，促进优良微藻生长，抑制弧菌等有害菌滋生，降低水体有害物质积累。

放苗前可施用芽孢杆菌调水，养殖过程每隔7～15天应施用1次，直到对虾收获。每次的使用量要合适，使用量太少不能发挥作用，使用量过多可能有不良影响。如果施用含芽孢杆菌活菌量10亿个/克的菌剂，按池塘水深1米计，放苗前的使用量为1～2千克/亩，养殖过程中每次使用量为0.5～1千克/亩。

使用芽孢杆菌菌剂之前，可将芽孢杆菌菌剂加上0.3～1倍的有机物（麦麸、米糠、花生麸、饲料粉末等）和10～20倍池塘水搅拌均匀，浸泡发酵4～5小时，再全池均匀泼洒；也可直接用池水溶解稀释，全池均匀泼洒。

施用芽孢杆菌菌剂后，不宜立即换水和使用消毒剂。若有使用消毒剂，

2～3天应重新施用芽孢杆菌。

2. 调节水体营养素 放养虾苗以后，微藻的生长发挥了食物链的作用，水体营养水平相应大幅降低，此阶段应该及时补充水体营养素，保障微藻稳定生长，维持良好水色。一般来说，自第一次施用水体营养素以后，相隔7～15天应追施1次，重复1～2次。以施用无机复合营养素或液体型无机有机复合营养素为宜，不宜使用固体型大颗粒有机营养素。具体用量可根据选用产品的使用说明，结合微藻的生长和营养状况酌情增减。

随着养殖过程中有机物不断增多，养殖水体的富营养化程度增高，但由于水交换量少及多年连续养殖的利用，池塘环境的中、微量元素往往缺乏，干扰了微藻的平稳生长，同时，也影响对虾的健康生长。所以，在养殖过程还需视池塘生态变化情况酌情施加中、微量元素，以平衡水体营养，稳定生态环境。

养殖过程往往因气候突变或者操作不当导致微藻大量死亡，透明度突然升高，水色变清，俗称"倒藻"或"败藻"。此时，应联合施用芽孢杆菌、乳酸杆菌等有益菌，加速分解死藻残体，促进有机物的降解转化，同时，施用无机复合营养素或液体型无机有机复合营养素，及时补充微藻生长所需的营养，重新培育良好藻相。有条件的可先排出一部分养殖水体，再引入新鲜水源或从其他藻相优良的池塘引入部分水体，再进行"加菌补肥"的操作。

3. 合理施用光合细菌制剂 光合细菌是一类有光合色素，能进行光合作用但不放氧的原核生物，利用硫化氢、有机酸做受氢体和碳源，铵盐、氨基酸、氮气、硝酸盐、尿素做氮源，但不能利用淀粉、葡萄糖、脂肪和蛋白质等大分子有机物。养殖过程合理使用光合细菌制剂，可有平衡微藻藻相，缓解水体富营养化的作用。

在养殖中、后期，随着饲料投喂量的不断增加，水体富营养化水平日趋升高，容易出现微藻过度繁殖、透明度降低、水色过浓的状况，此时可使用光合细菌制剂，利用其进行光合作用的机制，通过营养竞争和生态位竞争防控微藻过度繁殖，避免藻相"老化"，调节水色和透明度，净化水质（尤以对氨氮吸收效果明显），优化水体环境质量。此外，光合细菌在弱光或黑暗条件下也能进行光合作用，在连续阴雨天气科学使用，可在一定程度上替代微藻的生态位，起到吸收利用水体营养盐、净化水质、减轻富营养水平的作用。

光合细菌制剂的使用量，按菌剂活菌含量和水体容量进行计算。活菌含量5亿个/毫升的光合细菌菌剂，以1米水深的池塘计算，通常用量为2.5～3.5千克/亩。若水质严重不良，可连续使用3天。使用时将菌剂充分摇匀，用池水稀释后全池均匀泼洒。施用光合细菌菌剂后，不宜立即换水和使用消毒剂。

4. 合理施用乳酸菌制剂 乳酸菌是指能从葡萄糖或乳糖的发酵过程中产生乳酸的细菌统称，属于无芽孢的革兰氏染色阳性细菌。乳酸链球菌族的菌体呈球状，群体通常成对或成链结构，乳酸杆菌族的菌体杆状，单个或成链，有时成丝状、产生假分支。养殖过程施用乳酸菌，可分解利用有机酸、糖、肽等溶解态有机物，吸收有害物质，平衡酸碱度，净化水质，还能抑制微藻过度繁殖，使水色清爽、鲜活。

当养殖中后期出现水体泡沫过多、水中溶解性有机物多、水体老化和亚硝酸盐浓度过高等情况时，可使用乳酸杆菌制剂进行调控，促使水环境中的有机物得以及时转化，降低亚硝酸盐含量，保持水质处于“活”“爽”的状态。此外，乳酸菌生命活动过程产酸，养殖过程如出现水体pH过高的情况，可利用乳酸菌的产酸机能进行调节，起到平衡水体酸碱度的效果。

乳酸菌制剂使用量按菌剂活菌含量和水体容量进行计算，活菌含量5亿个/毫升的菌剂，1米水深的池塘，每次用量为2.5～3千克/亩。若养殖水体透明度低、水色较浓，使用量可适当加大至3.5～6千克/亩。

乳酸菌菌剂使用前应摇匀，以池塘水稀释后全池均匀泼洒，也可稀释以后按5%的量添加红糖培养4小时再使用，效果更好。施用光合细菌菌剂后，不宜立即换水和使用消毒剂。

5. 合理使用理化型环境改良剂 随着养殖时间的延长，池塘水体中的悬浮颗粒物不断增多，水质日趋老化，加之养殖过程中天气变化的影响，水体理化因子常常会发生骤变。此时，在合理运用有益菌调控的基础上采取一些理化辅助调节措施，科学使用理化型水质改良剂，可及时调节水质，维持养殖水环境的稳定。

沸石粉、麦饭石粉、白云石粉是一类具有多孔隙的颗粒型吸附剂，具有较强的吸附性。养殖中后期水体中悬浮颗粒物大量增多、水质混浊时，每隔1～2周可适当施用，吸附沉淀水中颗粒物，提高水体的透明度，防控微藻过度繁殖，在强降雨天气后也可适量使用。一般用量为10～15千克/亩，具体应根据养殖水体的混浊度、悬浮颗粒物类型和产品粉末状态等酌情增减。沸石粉、麦饭石粉、白云石粉也可作为吸附载体与有益菌制剂配合使用，将有益菌沉降至池塘底部，增强其底质环境净化的功效，达到改良底质的效果。

若遭遇强降雨天气、pH 过低，可适时在养殖池中泼洒适量的农用石灰，能提高水体碱度，使水中悬浮的胶体颗粒沉淀，并增加钙元素，有利于微藻生长。石灰的用量一般为 10～20 千克/亩，具体根据水体的 pH 情况酌情增减。强降雨天气也可把石灰撒在池塘四周，中和堤边冲刷下来的酸性雨水。

当水体 pH 过高，则可适量施用腐殖酸，促使水体 pH 缓慢下降并趋向稳定在对虾适宜范围之内。同时，配合使用乳酸菌制剂效果更好。

养殖中后期池塘中的对虾生物量较高，遇上连续阴雨天气、底质恶化等情况，容易造成水体缺氧的现象。此时，应立即使用一些液体型或颗粒型的增氧剂，迅速提高水中的溶氧含量，短时间内缓解水体缺氧压力。

（八）合理开动增氧机

增氧机的科学使用，对保持养殖水体的“活”“爽”具有重要作用。水车式增氧机是在对虾滩涂养殖池塘应用最广泛的一种增氧机，以两至四叶轮的最为常见。一方面，通过电动机带动增氧机的直立叶轮转动，叶轮与水平面形成垂直角度，拍击搅动池塘表层水，溅起浪花，增加水体与空气的接触面，促进氧气的溶入；另一方面，顺着叶轮的转动方向，通过水体张力和黏滞力的作用，促使池水朝固定方向流动，通过多台水车式增氧机的协同接力，可令池塘水体形成环流，从而将养殖水体中的污物和生物残体集中于池塘中央，可起到一定的水环境净化作用。同时，还可避免水体因温度和盐度等条件变化出现水体分层。

增氧机的增氧功能主要表现在两个方面：一是搅动养殖水体，增加水体表面和空气的接触，增加氧气的溶入；二是带动微藻的运动，增加微藻光合作用表面积，提高光合作用效率，增大溶解氧的产生量。

滩涂池塘养殖通常按 1～3 亩的养殖面积，配备 1 台功率为 0.75～1.5 千瓦的水车式增氧机，具体配置数量和功率型号应根据对虾养殖密度合理安排。增氧机在池塘中的安放摆设，需根据池塘的面积和形状综合考虑，应以有利于池水溶解氧均匀分布，有利于促进水体循环流动，有利于养殖对虾的正常摄食与活动，有利于养殖管理操作为宜。增氧机的摆设通常如图 3－19 所示。

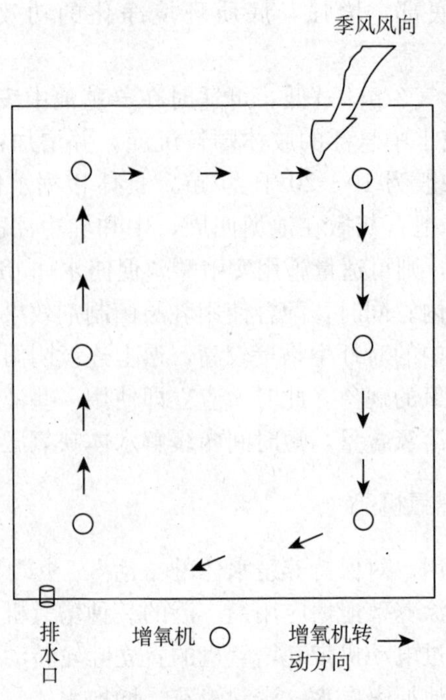

图 3-19　土池增氧机摆放示意

增氧机的开启与对虾放养密度、气候、水温、池塘条件及配置功率有关，养殖生产中应根据实际情况，将微藻生态增氧和机械增氧进行有机的结合，实施科学的增氧管理策略，既有利于降低能耗减少电力成本，又可保证水体的增氧效率。在光照充足时可利用微藻的光合作用产氧，达到生态增氧的效果。在光照不足时，通过提高机械增氧的功率来提升和保持养殖水体溶氧水平。所以，增氧机的开启时间应做到：养殖前期少开，养殖后期多开；投喂饲料时不开，饲料被摄食完毕开启；低气压、阴雨、强降雨、高温闷热等天气多开，天气晴好、风大时少开；凌晨水体溶解氧含量低时和光照强烈的午后多开。

（九）日常管理工作

1. 巡塘观测　养殖过程需每天早、中、晚 3 次巡塘，观测水质和对虾生长等情况，测试相关水质因子。

表 3-3　常见水质指标的检测

水质指标	测量工具	指标的适宜范围
气温、水温	温度计	水温日变化应＜5
水色	目测	绿色、茶色或黄绿色为佳
透明度	自制透明度盘	30～60 厘米
溶解氧	溶氧仪	≥5.0 毫克/升
亚硝酸盐	分光光度计或试剂盒	淡水≤0.3 毫克/升，海水≤2 毫克/升
氨氮		≤0.5 毫克/升
pH	试剂盒或 pH 测试仪	7.8～8.6
硬度	试剂盒	淡水＞500 毫克/升，海水＞800 毫克/升
总碱度	试剂盒	淡水＞80 毫克/升，海水＞120 毫克/升
盐度	盐度计或比重计	盐度日变化应＜5

（1）观测水质情况。每天测定水温、盐度、pH、水色和透明度等指标，每周测定溶解氧、氨氮和亚硝酸盐等指标。常见水质指标的检测如表 3-3 和图 3-20 至图 3-23 所示。有条件的应定期取样观察水体中的微藻种类与数量。

图 3-20　取水样和测量溶解氧

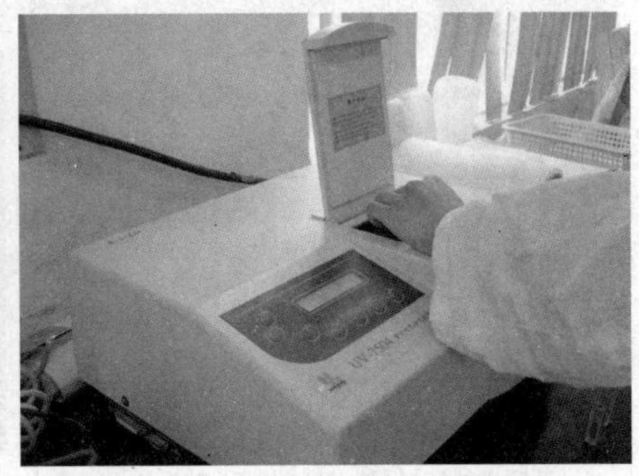

图 3-21　分光光度计测量水质理化因子

图 3－22　透明度测量

图 3－23　使用试剂盒测量水质指标

（2）观察对虾活动分布情况，游动是否正常。

（3）观察进排水口是否漏水，检查增氧机、水泵及其他配套设施是否正常运作。

（4）及时掌握对虾生长及摄食情况。每次投喂饲料 1 小时后，检查饲料观察台，观察饲料是否剩余和对虾生长是否正常、肠胃是否饱满（图 3－24、图 3－25）。根据对虾规格，及时调整使用相应型号的配合饲料。

图 3－24　目测饲料台内对虾大小

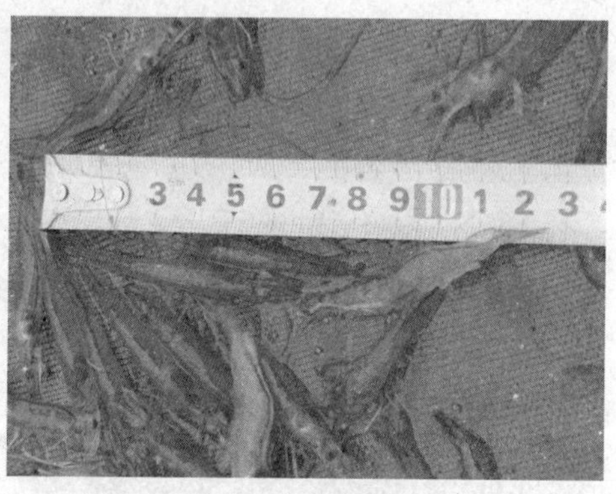

图 3－25　测量饲料台内对虾体长

（5）养殖中、后期每隔 15～30 天抛网估测池内存虾量，测定对虾的体长和体重（图 3－26、图 3－27）。

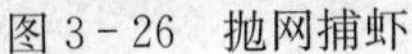

图 3-26　抛网捕虾

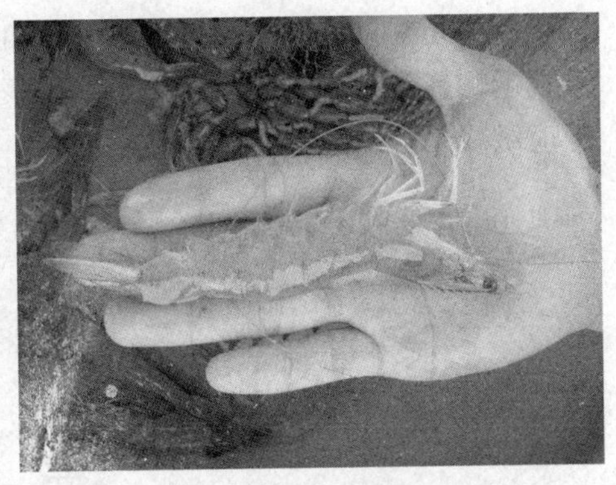

图 3-27　估测对虾长度

2. 合理用药　在养殖期间，可适当使用二氧化氯、聚维酮碘等水体消毒剂对水体进行消毒；气候恶劣、水质较差和对虾易染病的时候，使用营养免疫调控剂提高对虾抗病力和抗应激力。使用药物必须遵照《无公害食品　渔用药物使用准则》（NY 5071）的要求，使用二小（残留小、用量小），具有三证（兽药生产许可证、批准文号、产品执行标准）的高效渔药，并严格遵守渔药说明书的用法用量。药物使用应有周期、休药期、轮换制，在施用渔药时建立处方制。严格禁止使用二高（高毒、高残留），三致（致癌、致畸、致突变）药物。

3. 养殖记录　饲料、药品做好仓库管理，进、出仓需登记，防止饲料、药品积仓。做好养殖过程有关内容的记录（如放苗量、进排水、水质、发病、施用调控剂、用药、投料、收虾等），整理成养殖日志，以便日后总结对虾养殖的经验、教训，提高养殖水平，同时，为建立对水产品质量可追溯制度提供依据。

三、南美白对虾滩涂池塘养殖收获

（一）一次性收获方式

养殖一段时间以后，若同一养殖池中对虾规格较为齐整，市场需求对虾数量较大时，可采用一次性收获方式，放苗密度较低（4万～5万尾/亩）的池塘多采用该种方式收获养殖对虾。收获时，一般先排放一部分水体，根据对虾数量和虾池结构特点，选择合适的地方进行放网和收网，利用拉网方式起捕养殖池的所有对虾。每次拉网收虾量应该控制在 200～400 千克，以免因对虾数量过多造成相互挤压，从而影响收获对虾的品质（图 3－28）。一次性收获的优点在于起捕较为方便，不需担心因收获时养殖池塘环境激烈变化而引起存池对虾应激或死亡。

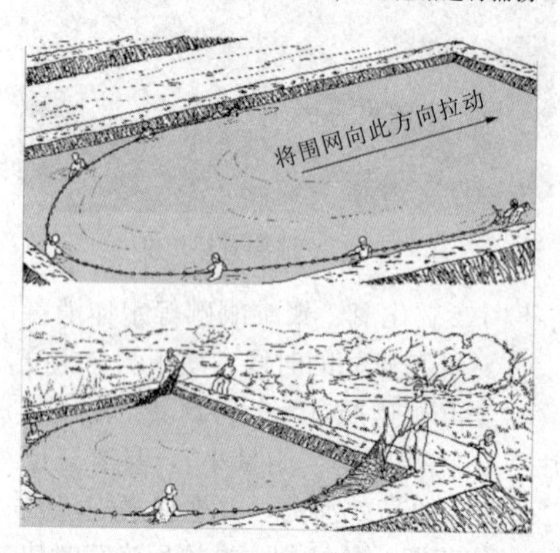

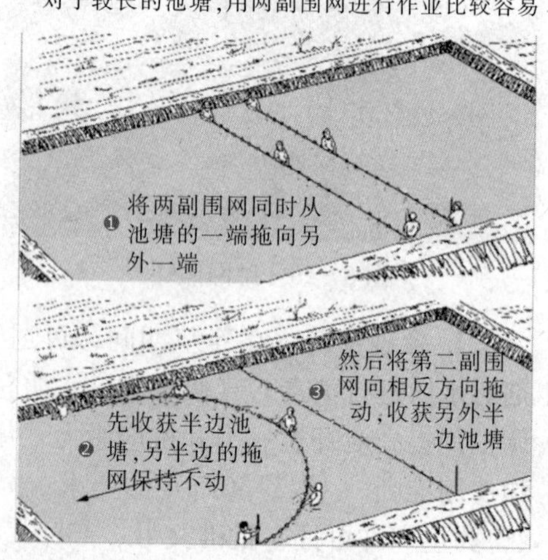

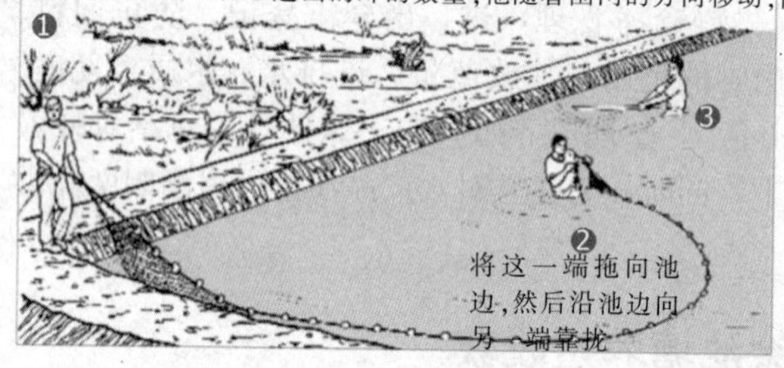

图 3－28　拉网捕虾示意图

（二）捕大留小多次收获方式

若养殖池内对虾规格差异较大，而市场虾价又相对较高时，为保证对虾养殖的经济效益，可适时采用捕大留小多次收获方式，放苗密度较高（10 万尾/亩左右）的池塘，多采用该种方式收获养殖及对虾。一般所使用的方法有大网孔式拉网收虾法和网笼收虾法，其主要目的均是通过控制捕获工具的孔径，使规格较大的对虾存留在网中；而个体较小的对虾则可顺利通过所设置的孔径，留存于养殖池内。至于网、笼的孔径大小，应视预计收获对虾的规格而定。

采用大网孔式拉网收获对虾时，往往导致养殖池塘水质、底质环境的剧烈变化，从而引起存池对虾发生应激甚或死亡。所以，通常在收获前需泼洒一些葡萄糖和乳酸杆菌、光合细菌等有益菌，收获后进行水体消毒和底质改良等处理，避免原来沉积于池底的有害物质重新进入养殖水体危害存池对虾。也有的养殖户不进行消毒，在清早捕虾后停止开启增氧机 4～8 小时，使水体颗粒物沉积池底，待晚上再开启增氧机为水体增氧。

采用网笼收虾时，应事先准备好适宜的网笼。网笼呈镂空的圆柱状，主体以金属条制备圈型骨架，以网衣包裹而成（图 3 - 29），网衣孔径的大小要视所收获对虾的具体规格而定，一般为 3～4 厘米。通常，将网笼安置在距离养殖池塘堤岸 3 米左右处（图 3 - 30），开口与堤岸相对，开口处另设一道网片。待对虾沿池边游泳时进入网笼内，大规格对虾由于网衣阻隔留于笼内，小规格对虾则可顺利通过网孔游回池塘。采用网笼捕捞一般在晚上装笼，清晨起捕，但具体的收获时间、网笼数目，需根据计划捕获的对虾数量而定。收获前应停止投喂饲料，以造成对虾沿池游动方利于收获，待收获后再立即投喂饲料。

图 3 - 29　笼　网

图 3 - 30　下网捕虾

第二节 滩涂池塘南美白对虾与鱼类混合养殖模式

由于近几年南美白对虾养殖受“偷死症”影响，养殖风险逐年增大，养殖户的效益逐年下降。为了降低单养南美白对虾的风险，各地的养殖户采用南美白对虾与鱼类混合养殖模式，取得较好的效益。滩涂池塘养殖南美白对虾与鱼类复合养殖模式，通过鱼类摄食病死虾，控制虾病传播，净化水质，降低单一养殖南美白对虾的风险，海水鱼类价值较高，可以提高养殖效益。

一、养殖模式特点

（1）通常滩涂池塘的面积5～20亩，水深1～1.5米，设有进、排水闸门，但多数地方进、排水无序，水源交叉感染严重。

（2）滩涂池塘的底质主要以泥底、沙泥底、沙质底等，大多数存在清淤难度大、底质老化，有的区域出现底质偏酸。

（3）水源有一定的盐度，一般3～10，可放养黄鳍鲷、金鲳、青斑、鲻、篮子鱼等海水鱼类。

（4）该模式生产投入相对较小，养殖管理技术要求比较简单，养殖风险比较低。通过鱼类摄食病死虾，控制虾病传播，净化水质，降低单一养殖南美白对虾的风险。同时，海水鱼类价值较高，可以提高养殖效益。

二、滩涂池塘南美白对虾与鱼类混合养殖模式

（一）南美白对虾与黄鳍鲷混合养殖模式

近几年，福建龙海养殖户采用南美白对虾与黄鳍鲷混合养殖模式，取得很好的效益。养殖区域的多数池塘是围垦地，具备半咸水的水源条件，可搭盖保温棚。池塘、水质、气候条件均适合全年养殖南美白对虾和黄鳍鲷。该模式大大降低单养南美白对虾的风险，养殖效益稳定。

黄鳍鲷又名黄加拉、赤翅。为浅海暖水性底层鱼类。适应力强，生长快。幼鱼的适温范围较成鱼窄，生存适温9.5～25℃，生长最适水温为17～27℃；致死低温8.8℃，致死高温为32℃。成鱼则可抵御8℃的低温和35℃的高温。

适盐范围较广，在盐度为5～43的海水中均可生存。可以从海水中直接移入淡水，在半咸水中生长最佳。仔鱼以动物性饵料为主；成鱼则以植物性饵料为主，主要为底栖硅藻，也食小型甲壳类。对饵料要求不严格，适合与南美白对虾混合养殖。

1. 养殖时间　一般每年的8月进行清池、晒塘；中秋节后，池塘搭盖温棚后开始进水放苗。养殖至翌年7月底排水干塘，养殖周期约10个月，放养3个批次的虾苗及1个批次的鱼苗。南美白对虾养至上市规格即可捕捞出售，轮养轮补；黄鳍鲷待清池时一次性捕获销售。

2. 池塘类型、池塘面积等　池塘土壤为黏土，池底较软，有一定厚度的淤泥。池塘性状一般为近长方形，大小为3～10亩不等，多数为4～6亩。采用此种养殖模式的池塘一般设有暂养池，暂养池大小约为养殖池塘的1/10。

池深1.8～2米，水深一般可维持在1.5米以上，池塘配备水车式增氧机，同时在池底放置微孔曝气盘，以保证溶氧的充足。

3. 养殖品种和搭配　主要养殖品种为南美白对虾和黄鳍鲷，为了摄食池塘少量繁殖的螺，同时也可放养少量的青鱼。

4. 放苗时间、放苗密度　一年养殖周期里分3个批次放养南美白对虾苗，目前多数人在前2个批次放苗时选择一代苗种；第三批虾苗选择放养普通苗，放养虾苗规格均为0.8～1.0厘米。第一批虾苗一般在9月底至10月上旬直接放养在养殖池塘中，放苗密度为6万～7万尾/亩；第二批虾苗在春节前放养在暂养池中标粗，待第一批虾出售后，第二批苗规格达到3～4厘米后，才将暂养池中的第二批幼虾移入养殖池塘中，放苗密度为6万～7万尾/亩；第三批虾苗一般在5月初放养，如果是普通虾苗，放苗密度为10万～12万尾/亩，该批苗也是先放养在暂养池中，待第二批虾出售及第三批苗规格达3～4厘米后，才将暂养池中的该批幼虾移入养殖池塘。

黄鳍鲷是肉食性鱼类，与南美白对虾混养时，如果虾苗和鱼苗同时投放，虾苗的成活率较低。因此应可先投放虾苗，待虾苗长到3厘米以上再套养黄鳍鲷鱼苗。如果黄鳍鲷是原池塘里的越冬鱼苗，虾苗要先投放在暂养池暂养，待长到3厘米后再放入养殖池。鱼苗为一次性投放，一般选择在第一批虾苗放养15～20天时直接将鱼苗放至养殖池中，选择的鱼苗规格为1.5厘米左右，放养密度1 000～1 500尾/亩。

5. 养殖管理操作

（1）清塘及晒塘　上一茬养殖结束后，即排干池水并进行清塘工作。清塘主要是清除池底的淤泥，由于经过一茬的高密度，池塘底部的残饵、排泄物等污物较多，因此采用高压水枪冲洗的方式清淤。清淤后在池中干撒生石灰50～100千克/亩，然后空置并曝晒，使池塘表面的土质充分氧化。

（2）搭盖保温棚　在中秋过后，气温逐渐转低，可进行搭棚盖膜的工作。

（3）进水　如果不是地下水源，进水需用双层筛绢网过滤，里层为80目，外层200目。抽水时要经常更换，以免堵塞。

（4）清野、消毒　水位进到80～100厘米后，先用15～25千克/亩的茶麸消毒，清除野杂鱼、虫卵等，3天后再用有效氯30%的漂白粉30毫克/升进行水体消毒，消毒时间最好选在傍晚。清野、消毒的同时将增氧机打开，以便增加药物使用的效果和余氯的挥发。

（5）解毒　消毒5～7天后，泼洒有机酸产品对水体进行解毒，消除残留药物、重金属及其他有毒物质。

（6）培水　经检测，池水余氯消失后即可进行"培水"。一般使用茶麸过后水较肥，藻类繁殖较多，"培水"时只使用芽孢杆菌制剂，以便构建水体的优良菌相。如果不使用茶麸，"培水"时需配合使用藻类营养素及芽孢杆菌制剂。

（7）饲料投喂　黄鳍鲷对饲料的蛋白含量要求较高，而且经济价值不错，所以应选用高档的虾料。投喂饲料时，按照投喂对虾的习惯进行，一般每天投喂3次，并在池中设置饵料观察台，观察对虾吃料的情况。在养殖过程中，适时的拌料添加维生素C、免疫多糖、乳酸菌、消化酶、中草药等添加剂产品促进对虾健康。

（8）养殖管理　养殖过程中水质的调控，主要依靠定期使用芽孢杆菌制剂及其他微生物制剂来调控，也可以根据水质的情况，适量的添换水。由于养殖周期较长，养殖中、后期特别注重池塘底质的改良。黄鳍鲷对水体溶解氧含量要求高于南美白对虾，所以池中增氧机的配备数量和开启时间也多于普通密度单养南美白对虾的模式。

（9）收获　在一茬的养殖过程中，养成对虾分多次捕捞，收获时一般采用笼网捕捞的方式，捕大留小，以减轻池塘的压力，使水质保持平稳、规格小的虾得到足够的生长空间。在第三批对虾收获后，开始捕捞黄鳍鲷。

（二）南美白对虾与金鲳混合养殖模式

近几年，粤西地区土池单养南美白对虾模式病害频繁，养殖产量下降，风险大，为了减低养殖风险，确保效益，部分养殖户不断创新养殖模式。根据当地的实际条件，采用南美白对虾与金鲳混合养殖模式，取得很好的效益。

金鲳学名为卵形鲳鲹，是暖水性中上层鱼类，体型较大，食量大，消化快，抢饲凶猛，其生长迅速，从苗种开始养殖，3～6个月可达400～600克的上市规格，市场需求量大且价格高。金鲳最宜生长水温在26～30℃，其低温忍受的界限在14℃左右，适宜生长盐度为5～18，pH的适应范围为7.6～8.8。它也是广盐性鱼类，在咸水、咸淡水均能生存。金鲳的生物学特性、生长周期和管理模式与南美白对虾十分接近，因此，两个品种混养是十分适合的。金鲳能够摄食体弱的对虾，降低虾病传播的风险。

1. 养殖时间　一般每年4月底至5月中旬，气温较稳定时开始投放虾苗和鱼苗。8月开始捕捞大规格的虾，再投放第二次虾苗，养殖至10月底结束。养殖周期为6～7个月，放养2批次的虾苗及1批次的鱼苗，南美白对虾养至上市规格即可捕捞出售，轮养轮补，金鲳鱼养至清池时一次性捕获。

2. 池塘类型、池塘面积等　池底为泥底或泥沙底均可，面积5～10亩，水深1.5米以上，具有独立的进、排水系统，可以随时控制水位。金鲳鱼不耐低溶氧，池塘配备足够的水车式增氧机（2亩/1台），确保充足的溶氧。

3. 放苗时间、放苗密度　虾苗与鱼苗分开投放，先放虾苗，放苗密度4万尾/亩左右；养殖10～15天待虾苗长至4～5厘米活动能力较强时，再放入体长约3cm的鱼苗，鱼苗密度控制在100～200尾/亩。鱼苗千万不能过早放入与虾苗混养，因为虾苗前期很小，活动能力差，金鲳鱼属肉食性鱼类，会捕食弱小虾苗，影响虾苗的成活率。第二次投放虾苗应先进行标粗至5厘米左右，投放标粗后的虾苗密度不超过2万尾/亩（具体根据池塘中对虾的存塘量和天气情况，可进行适当调整）。由于金鲳鱼对溶解氧非常敏感，养殖水体中溶解氧过低，容易造成鱼虾缺氧，引发病害。所以，金鲳鱼养殖密度一定不能过大。

4. 养殖管理操作

（1）晒塘、清塘　上一茬养殖结束后，即排干池水并进行清塘工作，池底底泥曝晒至干裂。用生石灰100～150千克/亩全池泼洒，包括塘基。目的是将老塘底泥中细菌、螺、蚌、青泥苔、水生昆虫、杂鱼、杂虾等杀死，消除病原体传播的主要媒介。进10～20厘米池水，每亩用漂白粉5千克和茶麸25千克，带水清塘，4～5天后把塘里的动物尸体、池水排走。

（2）进水、消毒　进水需用双层筛绢网袋过滤，里层为80目，外层200

目，长度5米左右。防止野杂鱼及病害生物随水源进入塘内，一次性将池水进够，用二氧化氯进行水体消毒。

（3）培水　先用芽孢杆菌和米糠（或麸皮）混合后加水浸泡，充氧发酵12小时，制成生物肥。选择晴天的上午，使用生物肥，配合无机复合肥进行培水。正常3～4天后，可见一定水色。养殖金鲳鱼的水体不宜太浓，透明度控制在50～60厘米。如果水色变清，应及时追肥，尽量保持水色的稳定。

（4）饲料投喂　未投放金鲳鱼苗之前，主要注意观察虾苗的摄食情况，如果池水中的生物饵料充分，前1周不用投喂对虾饲料。若生物饵料不足，则投喂少量南美白对虾0号饲料。投放金鲳鱼苗后，适当增加投料量。如果鱼苗放养密度在200尾/亩左右，可选择使用对虾饲料进行投喂即可；若鱼苗放养密度较大的，先投鱼料，再投虾料。鱼料为膨化浮性料，鱼能摄食多少十分容易观察。虾料为沉性料，虾摄食多少难以观察，投料量难以把握。先投鱼料后投虾料，两者最好间隔半小时。金鲳鱼对天气非常敏感，要注意天气对摄食的影响，正常天气一般早午晚3次料，但在高温季节则中午不用投料，暴雨天气也不用投料，低压等天气应该控制投料量；投喂时以少量多次为原则，避免投料过多，污染水质，防止过饱死鱼。定期在饲料中添加维生素C、大蒜素、免疫多糖和消化酶等，增强鱼虾体质，提高抗病力。

池塘中设置观料台，观料台有网围住，防止金鲳鱼进入料台，影响判断对虾吃料情况的准确性。投料1小时后，观察对虾的吃料情况。

（5）养殖管理　保持水体中藻相稳定是养殖管理中的关键，养殖过程中10天左右使用1次芽孢杆菌，及时降解池塘中的有机物。养殖前期适当使用光合细菌，保持稳定水质，为虾苗和鱼苗提供生物饵料。注意及时补肥，避免水色出现时浓时清。

中、后期水位要保持在1.5米以上，要经常检测水质因子，pH要稳定在7.0～8.3，氨氮、亚硝酸盐要抑制在0.3毫克/升以下，溶解氧保持在4毫克/升以上。随着投饵量的增加，大量的残饵、排泄物、死藻等在池塘中积累，底部污染严重。使用过氧化钙、二溴海因、沸石粉等改良底质；出现水色偏浓、水体表面泡沫多，使用芽孢杆菌配合乳酸菌进行调控。如果水源较好的，可以适量进行换水。

金鲳鱼对溶解氧要求高，池水中溶解氧应保持在4毫克/升以上，否则金鲳鱼很容易因缺氧而导致大量死亡。高温季节、低压天气、台风暴雨时一定要开足增氧机，配备急救的增氧剂。夜晚巡塘时，要特别注意鱼群的游动情况，发现鱼群浮在离水面20～30厘米处，且游动很缓慢，是缺氧前兆，此时要开动所有增气设备并使用粉剂的增氧剂，预防鱼虾缺氧浮头。

如果南美白对虾出现“偷死”时，可适当减少或停止投料，待金鲳鱼摄食部分活力差的病虾，同时，使用芽孢杆菌、乳酸菌等微生物制剂调节水质，能够有效地控制虾病。金鲳鱼主要病害是肠胃炎和寄生虫，养殖过程中定期使用微生态制剂进行调水，水质保持稳定，一般不容易发病。若发现有鱼离群独游、侧游、打转、身体发黑等现象，应及时进行诊断。常见的寄生虫有车轮虫、指环虫和小瓜虫。使用硫酸铜和硫酸亚铁，能够杀灭车轮虫、指环虫；池中有小瓜虫，使用福尔马林进行处理，杀虫剂的用量要计算准确。金鲳鱼对敌百虫等有机磷农药敏感，慎用；同时不要长期使用一种驱虫药品，可交替使用同效的不同药品预防，以免寄生虫产生耐药性。

（6）收获　南美白对虾分多次捕捞，一般养殖60天后，若南美白对虾售价较好时，采用地笼捕捞的方式，捕大留小，回收部分资金。金鲳鱼规格达到150克/尾即可上市，每年休渔期鱼价较高，可出售部分规格较大的鱼。进行拉网捕鱼后，要泼洒葡萄糖和维生素C，并使用底质改良剂处理池底，预防鱼虾应激。

（三）南美白对虾与鲻混合养殖模式

鲻广温广盐的鱼类，具有肉质鲜美、病害少和生长快的优点，为杂食性，以食硅藻和有机碎屑为主，也食小鱼小虾和水生软体动物，素有“底泥清道夫”之称。在我国，从东北至西南沿海一带均有鲻分布，在繁殖季节，较易购买到天然的育苗。南美白对虾养殖池塘中适当套养一定数量的鲻，有利于减少水体的有机浓度，改善水质，减低对虾发病的风险，是一种适用区域较广的生态养殖模式。传统的鱼虾混养模式，大多采用鱼虾直接接触式混养，鱼与对虾争抢饲料，影响养殖效益。在养殖池塘中部搭建围网，充分利用虾池水体空间，将鲻集中于池塘有机物积累较多的区域，减少水体污染，提高饲料的利用率，增加对虾养殖的效益。

1. 养殖时间　一般每年4月底至5月中旬，气温较稳定时，开始培水、放苗。养殖至10月底结束，养殖周期约6个月。

2. 池塘类型、池塘面积等　池底为泥底或泥沙底均可，池塘保水性好，池底平整，面积5～8亩，水深1.5米以上，具有独立的进、排水系统，可以随时控制水位。池塘中搭建长方形围网，围网网孔为方孔，规格为2.5厘米×

2.5厘米，确保对虾能自由出入网孔，限制鲻只能在围网中，围网上缘高于水面50厘米，用木桩或竹竿打入底泥中，以固定围网。围网内的水面积约占池塘水体面积的25%，具体可根据放养鲻的密度大小而调整。如水面积5亩的池塘，围网内水面积约为800米^2。池塘配备足够的水车式增氧机，增氧机的安装必须使池水能够形成环流，将有机碎屑集中于池塘中部，为鲻提供食物，也保证充足的溶解氧。

3. 放苗时间、放苗密度等 5月初投放虾苗，放苗密度为4万～5万尾/亩，规格0.8厘米以上。在池塘搭建小围隔，进行虾苗标粗，待虾苗长至3厘米以上再放入池塘中，有利于提高南美白对虾的养殖成活率。

投放虾苗后15天，将鲻放入围网中。按围网内的水面积计算，每亩400～500尾，规格为150克/尾以上。

4. 养殖管理操作

（1）晒塘及清塘 多年养殖的老化池塘，上一茬养殖结束后即排干池水并进行清塘工作，池底底泥曝晒至干裂。用生石灰100～150千克/亩全池泼洒，包括塘基。进10～20厘米池水，每亩用漂白粉5千克和茶麸25千克，带水清塘，4～5天后把塘里的动物尸体、池水排走。

（2）进水、消毒 进水需用双层筛绢网袋过滤，里层为80目，外层200目，长度5米左右。防止野杂鱼及病害生物随水源进入塘内。一次性将池水进够，用二氧化氯进行水体消毒。

（3）培水 老化池塘用芽孢杆菌和米糠（或麸皮）混合后加水浸泡，充氧发酵12小时，制成生物肥。选择晴天上午使用生物肥，配合无机复合肥进行培水。正常3～4天后，可见一定水色。池底比较干净的新池，适量使用经过发酵处理的有机肥，5千克/亩；配合芽孢杆菌和藻类生长素进行培水。

养殖前期，水体透明度控制在50～60厘米。如果水色变清，应及时使用液体有机无机复合肥或液态的培藻剂进行追肥，尽量保持水色的稳定。

（4）饲料投喂 由于鲻只限于在围网中，主要摄食池塘中的有机碎屑和藻类，所以，投喂南美白对虾饲料。根据对虾生长情况，合理控制投料量，养殖中、后期的日投料量一般为池内存虾重量的1%～2%。白天投喂量约占全天投喂料的80%，每天投喂饲料的分餐比例，可按早上和中午各为30%，剩余的在傍晚及晚上投喂。池塘中设置观料台，投料1小时后，观察对虾的吃料情况。水质变化、水色过浓时，应适当减少投喂量或停喂；暴雨、低压等天气，应该不投料。投喂时以少量多次为原则，避免投料过多，污染水质。定期在饲料中添加维生素C、大蒜素、免疫多糖和消化酶等，增强对虾体质，提高抗病力。

（5）养殖管理　养殖过程中7～10天使用1次芽孢杆菌，及时降解池塘中的有机物。养殖前期适当光合细菌，保持稳定水质，为虾苗和鱼苗提供生物饵料。注意及时补肥，尽量保持稳定的水色。

中、后期水位要保持在1.5米以上，要经常检测水质因子，pH要稳定在7.0～8.3，氨氮、亚盐要抑制在0.3毫克/升以下，溶解氧保持在4毫克/升以上。随着投饵量的增加，大量的残饵、排泄物、死藻等在池塘中积累，底部污染严重。使用过氧化钙、二溴海因、沸石粉等改良底质；出现水色偏浓、水体表面泡沫多，使用芽孢杆菌配合乳酸菌进行调控。如果水源较好的，可以适量进行换水。

高温季节、低压天气、台风暴雨时一定要开足增氧机，配备急救的增氧剂。夜晚巡塘时，要特别注意鱼群的游动情况，发现鱼群浮在离水面20～30厘米处，且游动很缓慢，是缺氧前兆，此时要开动所有增气设备并使用粉剂的增氧剂，预防鱼虾缺氧浮头。

在中、后期，若有南美白对虾出现偷死时，可适当减少或停止投料，同时使用芽孢杆菌、乳酸菌等微生物制剂，改良水质。有条件的，可采用生物防控的方法，放入少量罗非鱼，每亩放20～30尾，规格250克/尾以上。通过罗非鱼摄食病、死虾，控制虾病的传播。

该模式养殖的鲻发病率较低，注意保持增氧机的正常运转，使池水能够转动，确保足够的溶解氧。

（6）收获　南美白对虾分多次捕捞，一般养殖60天后，若南美白对虾售价较好时，采用地笼捕捞的方式，捕大留小，回收部分资金。鲻养殖结束后一次性收获。

第三节　滩涂池塘南美白对虾与青蟹混合养殖模式

青蟹在我国主要分布在广东、广西、福建、台湾、浙江等省沿海，喜栖息、生活在江河溪海汇集口，海淡水缓冲交换的内湾、潮间带泥滩与泥沙质的涂地上。青蟹又是广盐性的海产蟹，其养殖的适宜盐度为7～33，最适为10～20。适温范围6～35℃，最适生长水温18～25℃。南美白对虾和青蟹同属甲壳动物，两者栖息习性、食性虽然有相同之处，但南美白对虾营游泳活动，主要生活在水的中下层；青蟹游泳能力较低，主要栖息在水的底层，营爬行活动。根据南美白对虾与青蟹生活习性的差异，进行混养，可以减少病害发生，提高养殖效益。

一、模式特点

（1）提高饲料利用率。投喂对虾饲料时，青蟹不会与南美白对虾争食，但是可以摄食对虾残饵，对净化底质和水质有好处。

（2）降低发病率。青蟹可以吃掉池塘中病死虾或体质弱的虾，避免虾病的传染。

（3）保持平衡的生态。充分利用水体空间，提高水体生产力。

二、养殖时间

一般每年 4 月底至 5 月中旬，气温较稳定时，开始培水、放苗。养殖至 10 月底结束，养殖周期约 6 个月。

三、池塘类型、池塘面积等

池塘面积一般为 5～10 亩，大则 20～30 亩，不宜过大。池塘形状以长方形为宜，东西长、南北短，长宽比为 5∶（3～1），池深 1.5～2 米，底质以沙质、泥沙质为好。水源充足、无污染，进排水方便，塘堤坚实无漏洞，坡度平缓。池堤可用石块和水泥砌成，也可用泥土砌成。养殖池两端设进、排水闸。进水闸门安装滤水网，排水闸门安装防逃网。养殖池堤坝四周应设防逃设施，可采用塑料片、聚乙烯网片、水泥板、沥青纸、竹篱笆等材料垂直围插在池堤内侧。每 3 亩池塘配备 1.5 千瓦的增氧机 1 台。

四、放苗时间、放苗密度等

虾苗放养时间为 4 月上旬，虾苗要求大小均匀，体表干净，体色透明，小触须并拢，游泳时尾扇张开，附肢完整，无畸形。每亩放养体长 1.2 厘米左右的虾苗4万～5万尾。选择在池塘水深地方的上风处投苗，时间安排在晴天早上。如果池塘面积较大的，虾苗可分多次放养，每亩每次放养1万～2万尾。

当虾苗体长达到3厘米以上，开始放养锯缘青蟹。为了提高青蟹的上市规格，放养的蟹苗规格为50～80克/只，体质健壮，附肢健全，规格整齐，运动活泼，每亩放养200～300只。放养前，蟹苗要先在塘水中浸泡5分钟，再沿向阳避风一面的塘边均匀放入塘内。

五、养殖管理操作

（一）晒塘清塘

虾蟹收获后，排干池水，清除过多的淤泥，翻耕池底，充分曝晒，使残留的有机物彻底氧化。放苗前20天，每亩用生石灰100～150千克与水搅拌后全塘泼洒，以清除塘内野杂鱼及消灭病菌，并改良底质。

开始养殖之前，必须进行彻底毒池，目的是清除池中的杂鱼、杂虾、杂贝和细菌、寄生虫等。毒池必须安排在进水养殖之前进行，毒池前先安装好闸网（选用60～80目的尼龙筛绢网），堵实池基和涵洞各处的漏洞。

池塘内引入10厘米池水，在晴天上午或中午用1～2毫克/升（每立方米水体加入1～2克）的杀灭菊酯毒杀杂虾及杂虾卵。使用时将药量与水均匀混合，全池泼洒。并用喷雾器装上药液，喷洒塘基和洞穴等无水的地方。用杀灭菊酯毒池后，第二天进水冲洗1～2次。洗池后，进水40厘米左右，用20毫克/升（每立方米水体加入20克）茶籽饼毒杀杂鱼及杂鱼卵。使用时先将茶籽饼粉碎后放入缸或桶内，用淡水浸泡一夜以后，连水带渣泼洒全池。药物清池时应注意：清池应选择在晴天上午进行，可提高药效；在养殖池的死角、干露处、堤边和洞孔内也应洒药；清池后要全面检查药效，如在1天后仍发现活鱼，应加药再清。

（二）进水、消毒

用茶籽饼消毒后水不必排掉，采用60～80目锦纶锥形网继续进水至1.2米左右，然后封紧闸门，用含氯的消毒剂进行水体消毒，准备培水。

（三）培水

先用芽孢杆菌和米糠（或麸皮）混合后加水浸泡，充氧发酵12小时，制成生物肥。选择晴天的上午，使用生物肥、配合无机复合肥进行培水。正常3～4天后，可见一定水色。养殖前期的水体不宜太浓，透明度控制在50～60厘米。如果水色变清，应及时追肥，尽量保持水色的稳定。

（四）饲料投喂

在养殖过程中，投喂饲料坚持做到“三看”（看天气、看水色、看虾蟹的活动和摄食情况）和“四定”（定质、定量、定时、定点）。根据对虾、青蟹不同生长期和不同季节，投喂适口的优质饲料，饲料品种有颗粒饲料、低值小杂鱼和螺蚌肉等。养殖前期以投喂对虾配合饲料为主，以满足南美白对虾的摄食需要；养殖中、后期才适量投喂贝类及杂鱼饲喂青蟹。投喂鲜活饵料应保证新鲜，一定要控制好投喂量，以免过多残饵造成对水质的污染。

饲料投喂原则是少量多次，养殖前期每天喂2次，养殖中、后期每天投喂3次，日投喂量为对虾、青蟹存塘量的2%～6%。放养半个月后，在池塘四边设置饲料盘，根据饲料盘上饲料的摄食情况来调整饲料投喂量。每天投饲量要根据对虾、青蟹摄食情况及天气变化灵活掌握，做到晴天多投喂，阴雨闷热天少投喂或不投喂；对虾、青蟹的活动正常时多投喂，发病时少投喂或停喂。达到既能满足对虾、青蟹的摄食需要，又不造成饲料浪费。投料要沿塘边投喂为主，塘中间适量少投或不投。可定期在饲料中添加蜕壳素、免疫多糖、维生素C等营养强化剂和免疫增强剂，防止蜕壳不遂症的发生，并能增加对虾、青蟹的体质、提高抗病能力。

（五）养殖管理

放养早期保持水位在1米左右，以利提高水温及增加底层光照，高温期和低温期水位升至1.5米以上。养殖期间池塘以少量多次添水为主，添加水时最好将抽进来的水过滤后引到水车式增氧机前面打散，避免温差或盐度差过大而造成虾蟹的不适。平时控制池水盐度在5～10的范围，有利于虾蟹的生长及青蟹生殖腺的发育。注意在大暴雨过后及时排出上层水，防止盐度突变，造成对虾、青蟹应激发病。暴雨后投放生石灰，调节池水的pH，还有利于虾蟹蜕壳。必要时使用消毒剂，杀灭水中的病菌。

养殖过程每隔15天施用芽孢杆菌（含有效菌10亿个/克的菌剂使用量为1千克/亩）降解转化代谢产物，促进物质良性循环，改善底质和水质环境；水质不良时施用光合细菌（含有效菌5亿个/毫升的菌剂使用量3千克/亩）或者乳酸杆菌（含有效菌 5 亿个/毫升的菌剂使用量 3 千克/亩）调节水质；使用沸石粉（20 千克/亩）保持水质清新，改善底质。

经常开启增氧机能增加水体溶氧，促进水中有害物质分解，改善水质，增强对虾、青蟹的食欲和消化，提高饲料利用率；还能使水体产生循环流动，促进对虾、青蟹顺利蜕壳。

养殖过程中由于气候、水温、盐度等因素的突变和病原生物的侵袭，会造成对虾、青蟹发病，必须坚持“以生态防治为主，药物防治为辅，无病先防，有病早治”的原则。

当发现对虾有病症和少量死虾时，要控制青蟹的投饵量，利用青蟹摄食病死虾，控制虾病的传播。青蟹对病害的耐受能力比对虾强，即使青蟹摄食病虾，一般不会感染发病死亡。

要防止青蟹传染病害给对虾，蟹苗入池前要严格挑选，防止病蟹入池。在养殖过程中要注意观察，及时挑除病蟹。

定期使用有益微生物制剂，改善池塘环境，同时，在饲料中添加免疫多糖、维生素 C 等免疫增强剂，提高对虾、青蟹的免疫力，增强体质，降低发病率。

六、收获

青蟹、对虾经过 3 个月左右的养殖可达到商品规格，根据市场行情可陆续起捕上市。捕捞方法：可先用虾蟹地笼网张捕、拖网拖捕，最后干塘捕捉。青蟹要适时收捕，采取轮捕措施、捕大留小、捕肥留瘦的方法，以获得更高的经济效益。

第四节　滩涂池塘南美白对虾与梭子蟹混合养殖模式

梭子蟹生长迅速，养殖利润丰厚，是中国沿海地区重要的养殖品种。其适应水温 8～31℃，盐度 13～38；最适生长水温 15.5～26.0℃，盐度 20～35。属于杂食性动物，喜欢摄食贝肉、鲜杂鱼、小杂虾等，也摄食水藻嫩芽、海生动物尸体以及腐烂的水生植物。而且不同生长阶段，食性有所差异，在幼蟹阶段偏于杂食性，个体越大越趋向肉食性。通常白天摄食量少，傍晚和夜间大量摄食。但水温在10℃以下和32℃以上时，梭子蟹停止摄食。人工养殖的梭子蟹其摄食习性和对虾一样，进食后便离开池边游于深水处，一旦在池边狂游，则预示空胃寻食。当水温下降到10℃时基本停食。由于梭子蟹和对虾同属甲壳类动物，生活习性比较相似，均生活于沿海，能在同一池塘中进行养殖。

一、模式特点

（1）梭子蟹自身抗病能力强，可以吃掉池塘中体弱或病死的南美白对虾，减低对虾发病率，起生物防控病害的作用。

（2）梭子蟹价格较高、市场需求大，采用南美白对虾与梭子蟹混养，大大提高了养殖的经济效益。

二、养殖时间

一般每年5～6月气温较稳定时，开始培水、放苗。养殖至10月底结束，养殖周期约5个多月。

三、池塘类型、池塘面积等情况

池塘应水、电、路等基础设施配套齐全，水源无污染，水质达到国家渔业水质标准，进、排水方便。池塘结构为长方形，泥沙底质，面积以30～50亩较为适宜，水深为1.3～1.8米，具有独立的进、排水渠道。池底铺设中、粗沙，用石头、混凝土制件、瓦片设置屏障，作为梭子蟹隐蔽场所，减少蟹苗自残。在池塘四周开挖环沟，环沟宽为8米、深为60厘米，以便在高温季节或大风暴雨期间盐度偏低时供蟹苗藏匿，也便于收获时抓捕。

对池塘进行彻底修整补漏及加固，安装进、排水闸网。在进、排水闸设置防逃拦网，防止梭子蟹在进水或排水时逆水或顺水逃跑。

四、放苗时间、放苗密度等

1. 虾苗投放 南美白对虾苗应选择全长1厘米以上、大小均匀、活力强、对外界刺激反应迅速、体色正常、胃肠饱满、体型肥壮、完整、无损伤、无畸形、体表无寄生物及附着物、检疫检测不携带特定病菌及病毒的健康虾苗，投放量以 3 万～4 万尾/亩为宜。

在 5 月初，气温比较稳定时，先放养虾苗，长至 3 厘米以上，再放养蟹苗。虾、蟹苗放养时，养殖池水体环境因子要与育苗池相近，盐度与育苗池一致，温度差不超过 5℃，pH 7.8～8.6。选择气候适宜的天气放苗，放苗点应选择在池水较深的上风处，切记迎风放苗，避免在浅水或闸门附近放苗。

2. 蟹苗投放　蟹苗要求体质健壮，活动力强，不易抓捕，躯体完整，无损伤，无病害。投苗选择在早晨或傍晚，因为早晚温差比较小，蟹苗适应能力相对较强。投苗时应在池塘不同方位多点下苗，避免幼蟹互相残杀。投放体重 15～30 克的蟹苗，密度为 500～1 000 只/亩。蟹苗投放时间为 5～6 月。

要注意雌、雄蟹的性比调控。雄蟹个体较小，且成品雄蟹与雌蟹价格差距大，成品雌蟹是雄蟹的 2 倍，所以池塘雄蟹比例越高，其养殖的效益就越差。另一方面，雄蟹比例如果过高，它会对已经交配过的软壳雌蟹强行再交配，这样会伤害软壳雌蟹。但是，如果雄蟹比例过低，则会出现雌蟹没有完全被交配的现象，从而影响雌蟹的成品质量。所以，雌、雄蟹要有一定的合理比例，一般雌、雄比例达到 3∶1 即可。

五、养殖管理操作

1. 晒塘清塘　上一茬养殖结束后即排干池水并进行清塘工作，池底底泥曝晒至干裂。用生石灰 100～150 千克/亩全池泼洒，包括塘基，消除病原体传播的主要媒介。进水 20 厘米，选择晴好天气，施用生石灰（150～200 千克/亩）或漂白粉（8 千克/亩）浸泡，并泼洒干露的地方和洞穴，3 天后把池水排干，曝晒 2 天后再进水。

2. 进水、消毒　进水需用双层筛绢网袋过滤，里层为 80 目，外层 200 目，长度 5 米左右。防止野杂鱼及病害生物随水源进入塘内。一次性将池水进至 1 米以上，用 20 毫克/升（每立方米水体加入 20 克）茶籽饼杀灭池中杂鱼及杂鱼卵，再用含氯消毒剂进行水体消毒。

3. 培水　根据当地的水质情况选择使用。无机肥一般使用尿素或复合肥，施肥量 2～4 千克/亩；有机肥使用经发酵和消毒的鸡、猪等粪肥，使用量 20～30千克/亩。同时，施用芽孢杆菌等有益菌，如含有效菌 10 亿个/克的芽孢杆菌菌剂，施用量为 1 千克/亩。

通过施肥和施有益菌，使养殖池内水色呈黄绿色或黄褐色，这是提高放养苗种的成活率、促进生长、减少饵料投入、提高养殖效益的重要技术措施。要根据池水水色情况适量加注新水或追肥，以保障养殖池内有丰富的浮游生物，使蟹、虾苗种在进入池塘后就能摄食到适口和营养丰富的饵料。

4. 饲料投喂 梭子蟹和南美白对虾白天潜伏在池底，夜间环游觅食，并有明显的趋光性，属于杂食性动物，喜欢摄食贝类肉、鲜杂鱼和小杂虾。梭子蟹主要以投喂小杂鱼、虾、贝肉及鱼干等为主，南美白对虾以投喂配合饲料为主。日投饵 2 次，6：00～7：00 的投饵量占日总投饵量的 40%，16：00～17：00的投饵量占日投饵量的 60%，先投喂梭子蟹饲料，再投喂南美白对虾饲料。投喂量应根据虾蟹的摄食情况、天气、水温和水质情况进行适当调整，经常观察虾、蟹摄食及胃肠的饱满程度和残饵量，灵活控制饵料的投喂量。出现阴天、雨天等天气时，应尽量减少饲料的投喂量。

投喂方法分设饵料台重点投喂和全池投喂两种，为了减少互相残杀及保持一定的活动空间，主要采用全池投喂。投饵时应尽量均匀分散，不要集中投喂一处，以免残饵集中，腐烂变质，使池底恶化。要保证饲料质量，绝不投喂腐败、变质和污染的饲料。

5. 养殖管理 养殖前期以虾病预防为重点，通过施肥繁殖浮游微藻，投放芽孢杆菌、光合细菌等有益菌净化池水，抑制有害菌的滋生，减少对虾体的感染。采取适量添水的方法，保持池水的生态平衡与稳定，为对虾生长创造良好的水环境。添水的具体措施为：水源水经过 24 小时沉淀后再进入养殖池塘，每 3～4 天加水 5～10 厘米，直至加满池水。其间保持池水的生态平衡，水色调控为嫩绿或黄绿色，透明度 30 厘米左右，且新而爽。

养殖中、后期以促进虾蟹生长为重点，根据池水状况和气候变化适当换水，降低池水老化程度，但严禁大排大换，以免引起虾蟹的应激反应。每 2～3 天换水 1 次，换水量控制在池水的 1/5 以内。

注意养殖池塘的环境卫生，勤捞池中杂藻，勤除池边杂草，发现病蟹、病虾或死亡个体要及时捞出，检查分析原因后集中销毁。并根据病情的轻重采取相应的解决措施，严重时将发病池与其他养殖池隔离。

加强对养殖池水环境的检测及管理。每天测量池水温度、pH、溶解氧、氨氮和透明度等水质因子，对水质的管理采取勤检查、勤观察。根据水质的情况及时排放老水，加注新水，有效地改善水质条件。

坚持每天早、中、晚巡池，凌晨与傍晚必须对进排水沟、拦网、池堤等进行认真细致地巡视，观察虾蟹的动态、池水的变化情况等，以便发现问题能及时采取相应的措施。

定期测量虾、蟹的生长情况，每隔 15 天测量全长和体长。通过观测结果，分析生长情况，根据具体情况适当调整管理措施。

虾、蟹病害的防治重点在于严格把好水质和饵料关，坚持贯彻以预防为主、综合防治的防病措施。及早发现病兆，准确判断病症，及时进行治疗，减轻病害造成的损失。梭子蟹虽然发病少，但也有个别的出现病害，可每隔 15 天投喂 1 次药饵或在鲜活饵料中加拌抗生素进行预防。9 月以后梭子蟹开始交尾，雌蟹的死亡率较高，在交尾前后要保证饵料的充足供应，适当增加投饵次数。

通过增加换水量、开启增氧机，增加池水的溶氧量。根据池水水色进行适当施肥和追肥，调节水质，创造良好的生态环境。定期结合换水采用二氧化氯消毒剂进行水体消毒，或者每隔 15 天泼洒生石灰，改善水质和底质。定期施用有益菌，如光合细菌、芽孢杆菌和乳酸杆菌等，改善生态环境。

六、收获

经过 3 个月左右的养殖时间，部分虾、蟹达到商品规格，根据市场行情，采取轮捕措施，捕大留小，可陆续起捕上市。养殖结束时，干塘抓捕。

1. 梭子蟹收捕方法

（1）蟹笼收捕法　在池内距堤 15 米处固定竹桩，用绳子把蟹笼拉开放入池中，为防止蟹入笼后互相残杀，在蟹笼中放些稻草或软质杂草，间隔 2 小时左右收网 1 次。

（2）流网收捕法　把流网放入池中，间隔 3 小时左右收捕 1 次，把收捕的蟹用橡皮筋将大螯绑住，再用海水冲洗干净，然后放入蟹笼进行暂养。

2. 南美白对虾收捕方法　在池内距堤 15 米处固定竹桩，傍晚用绳子把虾笼拉开放入池中，第二天早晨收捕；也可用地拉网放入池中收捕。

第五节　南美白对虾滩涂池塘多元混合养殖模式

近几年，虾病严重，单一精养南美白对虾的经济效益大幅度下降，养殖风险不断加大，为了保证稳定的收益，采用虾、鱼、贝、藻混养的多元复合养殖模式，能够降低养殖风险，越来越被人们所重视。

一、多元复合养殖模式的特点

（1）通过人为的搭配养殖品种，形成小的生态群落，使养殖水域中各个生态位和营养位均有适宜的养殖对象与之相适应，可起到增强养殖生态系统生物群落的空间结构和层次、优化虾池生态结构、加强虾池生物多样性等作用。

（2）综合养殖系统内各种动物通过食物链网络相互衔接，能充分利用养殖水体中的天然或人工饵料，提高饵料利用率，促进养殖水体中能量和物质循环，减少残饵、粪便等有机物的积累，减少水质恶化。

（3）不同养殖品种之间通过合理搭配，在养殖水域生态中发挥互利作用，控制放养密度和投喂量等方法，发挥生物防控病害的作用。

（4）通过混养不同水层的养殖品种，可在不减少对虾放养密度的同时充分利用养殖水体，增加收获的品种，提高单位面积产量，从而增加养殖效益。

二、南美白对虾滩涂池塘多元复合养殖模式

（一）南美白对虾与黄鳍鲷、篮子鱼、缢蛏混合养殖模式

南美白对虾养殖池塘中混养一种或几种鱼、贝类，对改善生态环境具有积极的作用。对虾的消化道短，排泄快，能产生大量排泄物，而滤食性鱼、贝类以浮游生物、微生物、有机碎屑甚至对虾粪便为食，可减少水体因有机物积累和分解造成的水质恶化，减少了病原体滋生的场所，改善了养殖环境，有利于对虾快速健康生长，而且提高了饲料利用率。滤食性鱼、贝类可利用水体中有机物，既净化了水质，又提高了养殖产量。此外，缢蛏、青蛤、泥蚶等埋栖型贝类和鱼类在埋栖运动、游动和呼吸时，可以增强虾池底泥和水体的氧气交换。通过混养少量的肉食性鱼类，对虾如暴发流行病，在发病前期鱼可以直接吃掉发病的对虾，切断传染源，阻止流行病蔓延，从而大大减低疾病的发生风险。

1. 养殖时间 每年年底进行清池、晒塘；2、3 月开始投放缢蛏苗；4 月，待气候稳定、水温达到 20℃时，开始投放虾苗和鱼苗，虾苗采用轮捕轮放，鱼待清池时一次性捕获销售，养殖周期约 10 个月。

2. 池塘类型、池塘面积等　应选择沿海内湾及河口附近的虾池，有淡水注入为佳。池塘除具备一般虾池的基本要求外，底质为软泥或泥沙混合，进、出水方便，尽可能有独立的进、排水体系。每口池塘 10～20 亩，池塘中部有占池塘面积 20%～25%的浅滩（使水深可达 30～40 厘米），以便建造缢蛏畦；四周的水深 1.2 米以上。水质要求无污染，海水盐度 4～20，pH 7.8～8.4，配备有水车式增氧机。

3. 放苗时间、密度等

（1）缢蛏苗的放养

①放养时间：缢蛏苗的放养时间要根据生产计划、缢蛏收获时间、蛏苗的供应情况而定，一般在 2～3 月放苗较多。

②缢蛏苗的选择：缢蛏苗种大多数是从浙江、福建的海区购买。在选购苗种时，一定要选择当日采集的优质健壮的苗种。其标准是：体质肥壮，两壳闭合自然、有光泽、大小均匀、活力强，贝壳呈玉白色、壳前端呈黄色，边呈红色，半透明状，不含杂质、无臭味，摇动箩筐时能听到“唰、唰”的响声。其规格最好是壳长 20 毫米、宽 5 毫米左右，每千克在 2 000～3 000 粒。

③苗种漂洗：装苗前将采集的蛏苗用海水洗净，冲刷外壳上的污物及杂质，拣除死亡个体和破碎个体，装车时再用淡水漂洗蛏苗 1 次，进一步清除蛏苗壳面的微生物及污泥、杂物。漂洗时要先将箩筐震动几下，使蛏苗的水管自然收缩，不至于在淡水中浸泡时间过长而吸水太多，影响其养殖成活率。

④苗种运输：缢蛏苗冲洗干净后，最好用容积 20 千克的塑料周转箱装运，每箱装苗 15 千克为宜，避免装得太满而造成挤压损伤蛏苗。装苗前，用水把货车车厢淋湿，以保证车厢内有足够的湿度。装苗时，苗箱要整齐地摆放在车厢的两侧，分层隔开，中间加垫板，使上、下层留有一定的空间，以便通风透气，最上层的苗箱要盖一层淋湿的麻袋或 2～3 层的纱布，以减少水分蒸发，车厢中间要留有通道，以备运输途中喷水和管理，最后将车厢两侧的所有苗箱固定绑牢。

在运输过程中，每隔一定时间停车检查蛏苗的温度、湿度以及苗箱是否牢固，每 3～5 小时喷水 1 次，水喷至车厢淌水为宜。运输过程中，要尽量保证车厢温度不超出 15℃。

⑤ 缢蛏苗的播苗：缢蛏苗运到养殖地点后，把苗筐放置于阴凉处 1 小时左右。播苗前，将苗筐震动几下，使蛏苗水管自然收缩，有利于提高蛏苗的潜钻率。播苗时，先清除死亡个体、杂质和污泥，然后从上风头顺风均匀撒在滩

面上，每亩滩面的播苗数量一般控制在20万～30万粒。要注意尽量不在大风、大雨和阳光强烈的天气播苗。

（2）虾苗放养

①放养时间：缢蛏苗放养后，待水温稳定升至20℃以上、天气稳定时才投放虾苗。

②虾苗选择：选择附近信誉好、质量稳定的苗场培育的虾苗，所选虾苗应虾体健壮，体态完整，身体透明，肠胃饱满，规格达到0.8～1厘米。除此之外，育苗场水体与养殖池水体的盐度等理化指标相接近，在放养虾苗前还应进行"试水"，合格后方可购苗。

③虾苗放养：虾苗的放养密度为2万～3万尾/亩。放苗时，先将虾苗袋在虾池中浸泡5～10分钟，使虾苗袋内的水温与虾池的水温相同或接近，再打开袋口，将虾苗慢慢游入池水中。

（3）鱼苗放养

①放养时间：投放虾苗后15天，可投放黄鳍鲷和篮子鱼鱼苗。

②鱼苗的规格和密度：选择的鱼苗规格应为1.5厘米以上。黄鳍鲷是肉食性鱼类，为了保证南美白对虾的产量，放养密度不宜过高，投放100～150尾/亩即可；篮子鱼是杂食性鱼类，投放200～300尾/亩。

4. 养殖管理操作

（1）清淤整修　池塘在放养前必须进行彻底清淤，并检修堤岸、闸门等设施。

（2）建造缢蛏畦　如果是新建池塘，要在播苗前20天翻耕建造缢蛏畦的浅滩，翻耕深度为20～30厘米，翻过的泥土再敲碎整平后进水浸泡，在表层形成3～5厘米的沉积软泥。如果是老塘，需清除过厚淤泥，然后把下层的涂泥翻起，使上、下层涂泥混杂均匀，经曝晒后再稍作修整即可。

（3）清塘消毒

放养前半个月进行药物清塘。药物清塘时应注意以下事项：

①选择速效药物，药性在几天内分解消失，不留余毒。

②清塘应选择晴天上午进行，可提高药效。

③清塘前要尽量排出池水，以节约药量（根据剩余水体和用药浓度精确计算用药量）。

④ 药物下塘后不断搅水，做到边泼洒边搅动，使药物与池水均匀混合。

⑤ 注意虾塘死角、积水边缘、坑洼处、蟹洞内亦应洒药。

⑥ 清塘后要全面检查药效，药量不够应及时加药再清。

⑦ 各种清塘药物均有一定毒性和腐蚀性，使用时应注意安全。

（4）培养浮游生物　清塘后 3～5 天将水排净，纳入经 60～80 目筛绢网过滤的海水，使浅滩水位达 20～30 厘米。然后，使用二氧化氯等消毒剂进行水体消毒。消毒后 3～4 天，使用芽孢杆菌和有机复合肥（经发酵处理过的有机肥或市售的产品）浸泡后泼洒。

（5）水质调控

①养殖前期，饲料投喂量少，水质偏瘦，需经常施放肥料（水产养殖专用肥为好）培育基础饵料生物，尽量保持水色的稳定，以满足缢蛏的生长需求。

②养殖过程中定期使用芽孢杆菌制剂，在水体中构建优良的菌相，促进大分子有机物正常分解，转化成为浮游微藻能够吸收利用的营养。

③养殖中、后期由于投饵量增加和气温升高，水质容易出现富营养化和浮游微藻过度繁殖的情况，需进行换水或不定期使用光合细菌和乳酸杆菌来调控水质。

④ 养殖过程要定期检测池水中的 pH、氨氮、亚硝酸盐和硫化氢，使各项指标维持在对虾和缢蛏的适应范围内，还应注意保持盐度的稳定。在高温或有冷空气期间，要注意尽量提高滩面水位，以免水温变化太大。

⑤清除杂藻。春季易繁生各种杂藻，尤其是浅滩上的浮苔，不但抑制缢蛏生长，而且会堵住缢蛏进排水孔致使缢蛏死亡，要及时清除。浮苔的处理重点在于预防，养殖前期培养浮游微藻，保持透明度 30～40 厘米。一旦浮苔繁殖应及时处理，一般采取药物杀灭，应按说明书要求用药，一定要计算好水体有效面积，掌握浓度。

（6）饲料管理　养殖过程以投喂对虾人工配合饲料为主，放养虾苗后开始投喂，一般每天投喂 2 次，保证对虾能够吃饱，避免摄食缢蛏。及时追施水产养殖专用肥，使藻类保持稳定，确保缢蛏有足够的生物饵料。

（7）病害防控

①稳定水体环境，使浮游微藻繁殖生长稳定，水质稳定，缢蛏、对虾生长良好，而且病害发生率较低。

②每 10～15 天施放有益微生物制剂，维持有益菌在池水中占优势的地位。

③在每次进、排水后用二溴海因、季铵盐络合碘等交叉泼洒消毒，降低致病菌含量。

④ 保证水体溶氧不低于 5 毫克/升，中午与下半夜应开启增氧机，恶劣天

气或水质恶变应全天开机，必要时施用增氧剂增加水体溶氧。

⑤ 投喂优质饲料，定期在饲料中添加维生素C等营养物质，增强对虾的体质和抗病能力。

⑥ 应经常检查池底黑化程度，定期测定氨氮、硫化氢、亚硝酸盐及溶解氧等，出现问题及时处理。

5. 收获 对虾经3～4个月的养殖可达上市规格，视市场行情决定是否出售，一般采用笼网或定置网起捕对虾；缢蛏养至规格为45～60粒/千克上市为佳；鱼类养至结束后一次性收获。

（二）南美白对虾与青蟹、鲻、黄鳍鲷混合养殖模式

虾池中混养肉食性鱼、蟹类，主要是为了防止疾病的传播。由于对虾患病后活动力下降，肉食性鱼、蟹类就会容易捕食病虾，从而切断了传染源，遏制了虾病蔓延，减少疾病的再次传播。有研究发现，鱼的体表黏液所富含的多糖类，是增强和激活对虾免疫力的物质，被对虾摄入后能增强免疫力，在一定程度上能抑制对虾病毒病的发生。蟹类能翻扒池塘底部滩面，清除池塘中的螺类，池塘底部污物经翻扒后进入水体成为藻类繁殖的营养源，并能摄食病弱对虾个体，有利于控制病原传播，同时，改善对虾的底部栖息条件。但是，肉食性鱼、蟹类是可以捕食对虾的，它们在食性和空间上与对虾在生态位上有许多重叠，所以在放养时只能以虾为主，少量搭配。与对虾搭配的肉食性鱼类有真鲷、河豚、石斑鱼、石蝶鱼、黄鳍鲷和鲻等；混养蟹类主要是三疣梭子蟹和锯缘青蟹。

1. 养殖时间 每年4月，气候稳定、水温达到20℃时，开始投放苗种。虾苗采用轮捕轮放，青蟹和鱼待清池时一次性捕获销售，养殖周期约8个月。

2. 池塘类型、池塘面积等 混养池塘要求进、排水方便，水源充足、无污染，盐度保持在5～10，池塘水深1.5米以上，塘堤坚实无漏洞，坡度平缓，底质泥沙底，池塘面积15～30亩。为防止青蟹外逃，进、排水口设置防逃设施，塘堤面上要用白铁皮或塑料板、水泥板等材料围高30厘米做成围栏。每公顷池塘配备4～6台1.1～1.5千瓦的增氧机。

3. 放养苗种 蟹苗和鱼苗一次性放养，虾苗分2～3批投放。虾苗要求大小均匀，体表干净，体色透明，小触须并拢，游泳时尾扇张开，附肢完整，无畸形。为了提高虾苗的成活率，投放虾苗时，在池塘中用20目筛绢网围成一围隔，将虾苗放入围隔中暂养15天左右，待虾苗体长达到3厘米左右再放入

池塘中。4月投放第一批虾苗，密度为每亩3万～4万尾；6月、7月再投放虾苗，投苗数量根据具体养殖情况而定，如果第一批虾苗的成活率较高，再次投放虾苗的数量可适当减少。根据各地气候情况，如果养殖周期较长，再次投放虾苗的数量可增加。

放养的蟹苗规格为50～80克/只，体质健壮，附肢健全，规格整齐，运动活泼，每亩放养100～200只。放养前，蟹苗要先在塘水中浸泡5分钟，再沿向阳避风一面的塘边均匀放入塘内。

为了保证南美白对虾的产量，鱼苗放养密度不宜过高。选择的鱼苗规格应为3厘米以上，一般黄鳍鲷每亩投放100～150尾/亩；鲻每亩投放50～100尾/亩。

4. 养殖管理操作

（1）清塘消毒　虾蟹收获后，排干池水，清除过多的淤泥，翻耕池底，充分曝晒至底泥龟裂，使有机物彻底氧化。放苗前20天，每亩用生石灰100～150千克化浆后全塘泼洒，以清除塘内野杂鱼及消灭病菌，并改良底质。

（2）进水施肥培育基础饵料　在池塘中培育丰富的饵料生物，有利于提高虾、蟹的成活率。在放苗前的8～10天，池塘注水80厘米（进水口安装60～80目的尼龙筛绢网），用二氧化氯消毒剂，进行池水消毒；3天后，使用水产用肥水素和芽孢杆菌，培养基础饵料生物。在正常的天气条件下，经过3～5天，池水呈现豆绿色，透明度50～60厘米，即可进行放苗。

（3）饲料管理　在养殖过程中，投喂饲料坚持做到“三看”（看天气、看水色、看虾蟹的活动和摄食情况）和“四定”（定质、定量、定时、定点），根据对虾、青蟹不同生长期和不同季节投喂适口的优质饲料。饲料品种有颗粒饲料、低值小杂鱼和螺蚌肉等。养殖前期以投喂对虾配合饲料为主，以满足南美白对虾的摄食需要；养殖中、后期才适量投放贝类及杂鱼饲喂青蟹。

饲料投喂原则是少量多次，养殖前期每天喂2次，养殖中、后期每天投喂3次，日投喂量为对虾、青蟹存塘量的2%～6%。放养半个月后，在池塘四边设置饲料盘，根据饲料盘上饲料的摄食情况来调整饲料投喂量。每天投饲量要根据对虾、青蟹摄食情况及天气变化灵活掌握，做到晴天多投喂，阴雨闷热天少投喂或不投喂；对虾、青蟹活动正常时多投喂，发病时少投喂。达到既能满足对虾、青蟹摄食需要，又不造成饲料浪费。投料要沿塘边投喂为主，塘中间适量少投或不投。可定期在饲料中添加蜕壳素、免疫多糖、维生素C等营养强化剂和免疫增强剂，防止蜕壳不遂症的发生，并能增加对虾、青蟹的体质，提高抗病能力。

（4）养殖管理

①注意水位控制和换水：养殖前30天，保持水位在1米左右，以利提高水温及增加底层光照，高温期和低温期水位升至1.5米以上。养殖期间池塘以少量多次添水为主，添加水时最好将抽进来的水过滤后引到水车式增氧机前面打散，避免温差或盐度差过大而造成虾蟹的不适。平时，控制池水盐度在5～10，有利于虾蟹的生长及青蟹生殖腺的发育。注意在大暴雨过后及时排出上层水，防止盐度突变，造成对虾、青蟹应激发病。暴雨后投放生石灰，调节池水的pH，还有利于虾蟹蜕壳。必要时使用消毒剂，杀灭水中的病菌。

②定期使用微生物制剂改善水质和底质：养殖过程每隔10～15天，施用芽孢杆菌（含有效菌10亿个/克的菌剂使用量为1千克/亩）降解转化代谢产物，促进物质良性循环，改善底质和水质环境；水质不良时施用光合细菌（含有效菌5亿个/毫升的菌剂使用量3千克/亩）或者乳酸菌（含有效菌5亿个/毫升的菌剂使用量3千克/亩）调节水质；使用沸石粉（20千克/亩）保持水质清新，改善底质。

③合理使用增氧机：经常开启增氧机能增加水体溶氧，促进水中有害物质分解，改善水质，增强对虾、青蟹的食欲和消化，提高饲料利用率；还能使水体产生循环流动，促进对虾、青蟹顺利蜕壳。

（5）病害防治　养殖过程中由于气候、水温、盐度等因素的突变和病原生物的侵袭，会造成对虾、青蟹发病，必须坚持“以生态防治为主，药物防治为辅，无病先防，有病早治”的原则。

当发现对虾有病症和少量死虾时，要控制青蟹的投饵量，利用青蟹摄食病死虾只，控制虾病的传播。青蟹对病害的耐受能力比对虾强，即使青蟹摄食病虾，一般不会感染发病死亡。

要防止青蟹传染病害给对虾，蟹苗入池前要严格挑选，防止病蟹入池。在养殖过程中要注意观察，及时挑除病蟹。

定期使用有益微生物制剂，改善池塘环境，同时，在饲料中添加免疫多糖、维生素C等免疫增强剂，提高对虾、青蟹的免疫力，增强体质，降低发病率。

5. 收获　青蟹、对虾经过3个月左右的养殖可达到商品规格，根据市场行情可陆续起捕上市。为了避免拖网拖捕引起池塘水质突变，建议先用地笼捕获大规格的虾、蟹。开始收获部分虾和蟹后，再进行投放虾苗。鱼类养至结束后，一次性收获。

第四章 南美白对虾河口区池塘养殖

第一节 南美白对虾河口区池塘基本养殖模式

一、南美白对虾河口区池塘养殖基本模式特点

南美白对虾河口区池塘养殖模式，是指在河口区建造池塘进行南美白对虾养殖的一种模式。河口区池塘水体盐度低，高的在 10 左右，低的可为 0，但池塘底质仍然存留有一定盐度。南美白对虾对水体盐度的适应性较高，在幼苗阶段要求水体具有一定的盐度，幼虾至成虾在盐度为 0～40 的水体中均可正常生长。因此，可将南美白对虾苗种进行淡化处理，在低盐度水体或者淡水水域中进行养殖。

图 4-1 南美白对虾河口区养殖池塘

河口区养殖池塘面积一般为 3～10 亩，池深 1.5～2 米，具有相对独立的进、排水系统，配备一定数量的增氧设施（图 4-1）。养殖南美白对虾的放苗

密度一般为4万～5万尾/亩，也有放苗密度达到10万尾/亩而实行分批多次收获的。开始养殖之前，池塘一次性进够水，放苗前先培养优良微藻种群和有益微生物生态，营造适宜南美白对虾生长的良好水体环境。放苗后投喂优质人工配合饲料，实施封闭式的管理模式，养殖过程基本不换水，仅适量添水补充水位，通过施用芽孢杆菌、光合细菌、乳酸杆菌等有益菌及其他理化调节剂调控池塘环境，促进养殖对虾健康生长。河口区池塘养殖南美白对虾，单茬产量一般为400～600千克/亩。

二、南美白对虾河口区池塘养殖技术

（一）养殖池塘的整治与除害

1. 池塘清淤修整 对虾养殖池塘经过1个周期的养殖生产，往往容易积聚大量的有机物、有害微生物、病毒携带生物及有害微藻等。这些有机物在分解时需要消耗大量的氧气，有机物过多将导致养殖过程池塘底部水层缺氧，而在缺氧情况下有机质无法进行氧化分解，极易形成如组胺、腐胺、硫化氢等有毒有害的中间代谢产物，不利于养殖对虾的生存。有害微生物、病毒携带生物及有害微藻等，多是诱发养殖对虾病害的有害生物，严重威胁养殖对虾的健康和环境的安全。对虾属于底栖性生物，池塘底质环境不良，轻者影响对虾生长，重者造成对虾窒息死亡或发生病害死亡。所以，为保障养殖生产的顺利进行，提高对虾养殖的成功率，在养殖收获后和养殖之前必须切实抓好池塘的清淤修整工作。

池塘清淤，主要是利用机械或人力把养殖池塘底部的淤泥清出池外。上一茬养殖收获结束后，应尽快把虾池水体排出，及时将池内污物冲洗干净（图4-2），池塘底质为沙质的应反复冲洗。清除的淤泥应运离养殖区域进行无害化处理，不可将淤泥推至池塘堤基上，以防下雨时随水流回灌池塘中。清淤完毕，即可对池塘进行修整。

池塘修整包含两方面的工作：其一，要把池塘底部整平（图4-3），凹凸不平的池底易于堆积淤泥（图4-4），不利于对虾生长，也不利于底质管理和收获操作；若池底的塘泥较厚，水位较低，可考虑清出部分底泥（图4-5）。其二，全面检查池塘的堤基、进排水口（渠）处的坚固情况，有渗漏的地方应及时修补、加固，以防养殖期间水体渗漏。

图 4-2　使用水枪冲洗与泥浆泵吸污

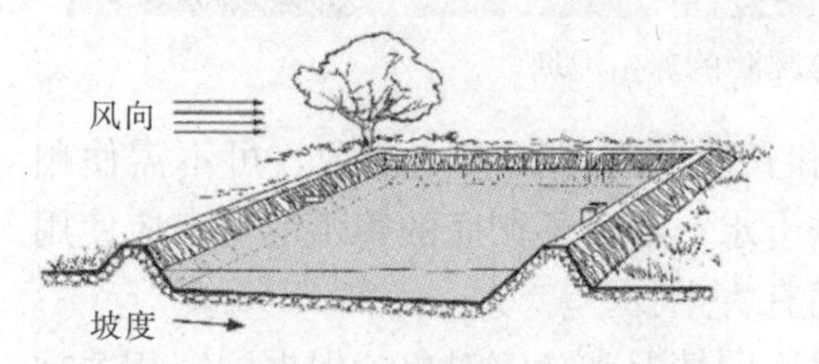

图 4-3　池底平整

图 4-4　池底凹凸明显

图 4-5　推土机将池塘底泥推出

2. 晒池 修整工作完成后，在池塘中撒上生石灰，并对池底翻耕，再次曝晒。一般来说，晒池时间越久，有机质氧化和杀灭有害生物的效果越好。清淤彻底的池塘进行数天至15天曝晒即可，淤泥较多的池塘应进行更为彻底的曝晒，使池底成龟裂状为佳（图4-6）。

图4-6 经充分曝晒的养殖池塘

3. 池塘除害消毒 经过彻底清整和长时间曝晒的养殖池塘，可不需使用药物除害消毒，直接纳入水源。无法排干水、曝晒不彻底的养殖池塘，应使用药物进行除害消毒，避免池塘中存在的有害生物。

对虾养殖池塘的除害消毒，应针对不同情况和除害对象，根据国家相关规定选择安全高效的渔用消毒药物，杀灭池塘中的非养殖生物和病原生物。用药的关键是，选用安全高效的药物和注意用药的时间间隔，既要杀灭有害生物，又要避免药物残留危害养殖对虾的健康生长。可选择的常用药物见表4-1。在放苗前15～20天，选择晴好天气的中午施用药物，对池塘进行除害消毒，此时气温高，效果较好。

表4-1 池塘消毒常用药物参考剂量及使用方法

药物名称	有效成分	使用量（千克/亩）	杀灭种类	失效时间（天）	使用方法	备注
生石灰	氧化钙	75～150	鱼、虾蟹、细菌、藻类	7～10	可干撒，也可用水化开后不待冷却泼洒	提高pH，改善池底通透性
漂白粉	有效氯28%～32%	10～40	鱼、虾蟹、贝类、细菌、藻类	3～5	溶水后泼洒	避免使用金属工具，操作时需戴上口罩

（续）

药物名称	有效成分	使用量（千克/亩）	杀灭种类	失效时间（天）	使用方法	备 注
茶籽饼	茶皂素 12%～18%	20～30	杂鱼	2～3	敲碎后浸泡 1～2 天，浸出液连渣稀释后泼洒	残渣可以肥水
鱼藤精	鱼藤酮 5%～7%	15～20	杂鱼	2～3	浸泡后泼洒	对其他饵料生物杀伤性小
敌百虫	50%晶体	1～1.5	虾蟹、寄生虫	7～10	稀释后泼洒	操作时禁止吸烟、进食和饮水
杀灭菊酯	2.5%溴氰菊酯或 4.5%氯氰菊酯	10～20 毫升/亩	虾蟹、寄生虫	5～6	稀释后泼洒	操作时禁止吸烟、进食和饮水

用药前需在闸门处安装 60～80 目的筛绢网，通过筛绢网纳入少量水，施药除害消毒。进水不需过多，准确计算池塘水体，根据实际水体计算用药量，这样既能节约药物又能达到除害消毒的作用（图 4－7）。操作时，应使药物分布到虾池的角落、边缘、缝隙和坑洼处，药水浸泡不到的地方应多次泼洒。池塘浸泡 24 小时后，使用茶籽饼或生石灰后无须排掉残液，可直接进水到养殖所需水位；使用其他药物后，应尽可能把药物残液排出池外，并进水冲洗排出，再进水到养殖所需水位。

清除敌害的药物均有一定的毒性和腐蚀性，使用时要注意安全，尽量避免与人体皮肤接触。施药人要站在上风施药，用过的用具应及时洗净。

图 4－7 虾池除害消毒

（二）养殖水体的处理与培育

1. 养殖用水的进水处理 待消除敌害的药物药效消失后向池塘进水。所用水源为地表水，需经过过滤和沉淀处理，以去除水体中悬浮性或沉淀性的颗粒物及其他一些生物，减少水源中的杂质和有害生物对养殖对虾的影响。进水前，在进水闸口或水泵的出水管处安装60～80目的筛绢网，选择水源条件较好时引入水源。所用水源为地下水的直接抽水入池。

随着对虾养殖的集群式发展，在养殖场集中地区，各养殖场的进、排水口相隔不远，水源质量难以保障。因此，养殖场应配备专门的蓄水消毒池对水源进行处理。在放养虾苗前进水时，可将水源直接引入池塘，然后进行水体消毒处理。养殖过程进水则先引入蓄水消毒池，经沉淀、消毒处理后再引入养殖池塘。

水源不充足的地方或者进水不便的池塘，池塘进水时应一次性进水至满水位（进水深度可根据池塘的具体情况而定，一般应为1.3米以上）。养殖过程不再添、换水，实行封闭式养殖，因蒸发作用导致水位降低时酌情补充水源。水源充足的地方或者进水方便的池塘，可先进入1米水深左右。养殖过程根据对虾的生长和水体变化情况，逐渐添加新鲜水源至满水位，还可适当换水。

河口区水源的盐度往往变化比较大，进水以后应根据苗种以及养殖需要，对水体盐度进行调节。抽取地下水的水源应先进行曝晒、曝气，去除水中的还原性物质，并增加溶解氧含量。

2. 养殖水体消毒 池塘进水至合适水位以后，选用安全高效的水体消毒剂对进行水体消毒，杀灭潜藏的病原微生物及有害微藻等。常用的水体消毒剂多为含氯消毒剂或海因类消毒剂，对多种致病菌、病毒、霉菌及芽孢具有极强的杀灭作用，而对浮游微藻的损害相对较小。使用时，按照说明书标注的用量用法及注意事项进行水体消毒。如果进水量较大，也可将消毒剂装入麻包袋捆扎成“药袋”，挂于进水口处，调节进水闸口至适当大小，使引入的水源流经“药袋”再进入池塘，可起到水体消毒的作用。

3. 优良养殖水体环境的培养 养殖水体消毒以后，在放养虾苗之前，应先营造适合对虾生长的良好生态环境。河口区池塘应包括消除药残及重金属、曝气、培养优良藻相和菌相。

（1）消除药残及重金属 养殖水体消毒2～3天后，使用有机酸或有机盐络合水体中可能存在的重金属离子或残留的消毒药。

（2）曝气 开启增氧机搅动水体曝气，氧化水中的还原性物质，同时，也可促进浮游微藻的繁殖。

（3）培养优良浮游微藻和有益菌群 浮游微藻和细菌是对虾养殖池塘生态系统中极其重要的组成部分，对虾池的物质循环、能量流动以及养殖生态系统的平衡具有举足轻重的作用。培养优良浮游微藻和有益菌群的作用如表4-2。

表4-2 培养优良菌相、藻相的作用

	作 用
培养优良浮游微藻	①产生氧气，提高水体溶氧量 ②吸收氨氮、亚硝酸盐、硫化氢等有害物质，净化水质 ③营造良好水色和合适透明度，抑制有害微藻和底生丝藻的生长 ④通过浮游微藻-浮游动物-对虾和浮游微藻-对虾的食物链，为幼期对虾提供生物饵料
培养有益菌群	①降解池塘存留的有机物和施用的有机营养，转化为浮游微藻所需的营养，稳定藻相 ②通过营养竞争、空间竞争、生态位点竞争，抑制有害菌、条件致病菌乃至病原菌的繁殖生长，减少病害发生 ③有益菌与其他微小生物和有机碎屑一起形成有益生物絮团，为对虾提供生物饵料

可见，有效培养优良的浮游微藻和有益菌的生态优势，营造适宜对虾健康生长的优良环境，是养殖前期管理的关键措施之一。在放养虾苗前5～7天，同时，施用水体营养素和芽孢杆菌培养优良浮游微藻和有益微生物菌群。

水体营养素的使用，应根据养殖池塘特点和水源状况而定。一般来说，池塘底部存留有一定的有机沉积物或者水源营养水平高的情况，宜选择使用无机复合型营养素；池塘底部干净或者水源营养水平低的情况，宜选择使用无机有机复合型营养素。无机复合型营养素，应富含不易被底泥吸附的硝态氮和均衡的磷、钾、碳、硅等元素；无机有机复合型营养素，应富含无机营养盐和发酵有机质。施用到池塘中，无机营养盐可直接被浮游微藻吸收利用，池塘存留的有机物和施用的有机物营养素，可通过细菌的降解而得到有效利用。

芽孢杆菌能够分泌丰富的胞外酶系，降解淀粉、葡萄糖、脂肪、蛋白质、纤维素、核酸和磷脂等大分子有机物，性状稳定，不易变异，对环境适应性强，在咸淡水环境、pH 3～10、5～45℃均能繁殖，兼有好气和厌气双重代谢机制，产物无毒。施用芽孢杆菌制剂，可以提高池塘环境的菌群代谢活性，降解转化池塘的有机物（池底存留的有机物、营养素中复配的有机物），使之成为可被微藻直接吸收利用的营养元素，促进微藻的快速生长，达到优化水体环境和为虾苗培育鲜活生物饵料的目的。由于放苗前采取清塘和水体消毒等措施，池塘中微生物总体水平较低，及时使用芽孢杆菌有利于促进有益菌生态优势的形成，发挥降解转化有机物、抑制有害菌、形成有益生物絮团的作用。

施用水体营养素和芽孢杆菌以后，通常1周左右可达到良好效果，池塘水体显示豆绿、黄绿和茶褐等优良水色。透明度达到40～60厘米，即可以准备放苗养殖。

（三）虾苗的选择与运输

1. 虾苗的选择 选购优质虾苗并进行科学合理的放养，是保证对虾养殖高产高效的一个重要前提。因此，切实做好虾苗的选择与放养工作，对养殖生产具有重要的意义。

在选购虾苗前，应先到多个虾苗场进行实地考察，了解虾苗场的生产设施与管理、生产资质文件、亲虾的来源与管理、虾苗培育情况与健康水平、育苗水体盐度等一系列与虾苗质量密切相关的因素，选择虾苗质量稳定、信誉度高的苗场进行选购。

（1）外表观察　虾苗选购时主要从感官上来把握，到虾苗培育池观测虾苗的游泳情况，健壮苗种大多分布在水体中上层，而体质弱一点的则集中在水体下层。可以把待选虾苗带水装在小容器中观察（图4-8），从以下几方面判断苗种质量：

①虾苗个体全长为0.8～1.0厘米，群体规格均匀，身体形态完整，附肢正常、尾扇展开，触须长、细、直，而且并在一起。

②虾苗的身体呈明显的透明状，虾体肥壮，肌肉充满虾壳，无黑斑和黑鳃，无白色斑点，无断须，无红尾和红体，无脏物和异物附着。

③虾苗肝胰腺饱满，呈鲜亮的黑褐色，肠道内充满食物，呈明显的黑粗线状。

④虾苗游动活泼有力，对外部刺激敏感，摇动水时，强健的虾苗由水中心向外游，离水后有较强的弹跳力。

（2）实验测试　为了确定虾苗的健康程度，可通过以下方法进行测试：

①抗离水实验：自育苗水中取出若干虾苗，放在拧干的湿毛巾上，包埋5分钟，再放回原育苗水体，观察虾苗的存活情况。全部存活为优质苗，存活率

越低，苗质越差。

②温差实验：用烧杯取适量育苗水体并降温至5℃，捞取若干虾苗放入，几秒钟后虾苗昏迷沉底，再迅速捞出放回原水温的育苗水体中，观察虾苗的恢复情况。健康虾苗迅速恢复活力，体质差的虾苗恢复缓慢甚至死亡。

③逆水流实验：随机取若干虾苗及育苗水体放入水瓢中，顺一个方向搅动水体，停止搅动以后观察虾苗的运动情况。健康虾苗逆流而游或伏在瓢的底部，体质弱的虾苗则顺水漂流（图4-9）。

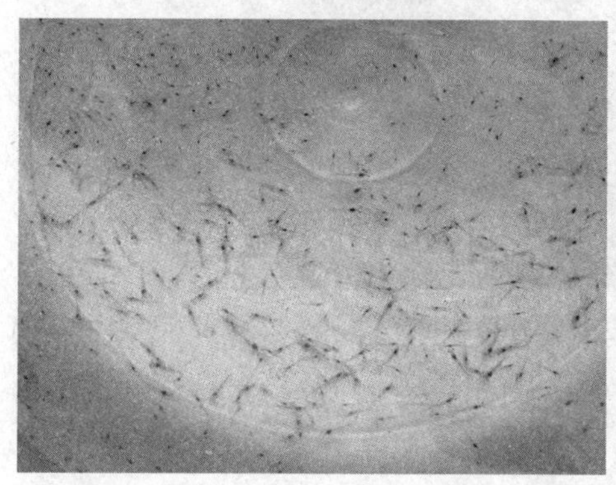

图4-8 观察对虾外表

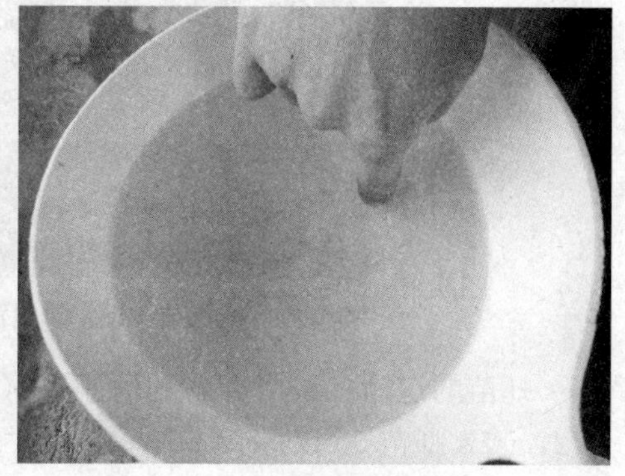

图4-9 虾苗逆水流试验

（3）病源检测 除肉眼区分虾苗的优劣外，最好能在购苗前抽取少量虾苗送到有关部门进行检测，以确定虾苗是否携带大量致病弧菌以及白斑综合征病毒（WSSV）、桃拉综合征病毒（TSV）、传染性皮下及造血组织坏死病毒（IHHNV）、对虾肝胰腺细小样病毒（HPV）和传染性肌肉坏死病毒（IMNV）等特异性病毒。

2. 虾苗出场前的淡化培育 育苗场培育虾苗的水体一般盐度较高，应要求育苗场采用“盐度渐降法”对虾苗进行淡化培育，逐渐降低虾苗培育水体的盐度，直至虾苗水体与养殖水体的盐度接近。淡化培育过程盐度降幅每天不宜超过2，如果调节幅度过大，容易使虾苗体质变弱，影响运输和放养后的成活率。目前，已有专门的淡化苗场对虾苗进行淡化。

如果条件允许，淡化结束后，在虾苗出池前可用预先准备好的少量养殖池水对虾苗进行测试，以确定虾苗对养殖池塘水质环境的适应性。

3. 虾苗的计数与运输 虾苗的计数一般采用干量法（图4-10）。用1个多孔的小勺，捞取1勺虾苗，计数此勺的虾苗量，再以此勺作为量具，量出所需的虾苗量；也可采用其他量法（如无水称重法、带水称量法）计数。计算虾苗的数量应考虑各种因素。

图 4-10 干量法计算虾苗数量

虾苗的运输多采用特制的薄膜袋（图 4-11），容量为 30 升，装水 1/3～1/2，装入虾苗 5 000～10 000 尾，袋内充满氧气，水温控制在 19～22℃，保证经过 5～10 小时的运输虾苗仍可保持健康。如果虾苗场与养殖场的距离较远，运输时间较长，需酌情降低虾苗个体规格或苗袋装苗数量，并将虾苗袋装入泡沫箱（图 4-12），箱内放入适量冰袋控温，用胶布封扎泡沫箱口，严格控制运输途中的水温变化。同时，还应提前掌握好天气信息，做好运输交通工具衔接，尽量减少运输时间。

图 4-11 装入薄膜袋的虾苗

图 4-12 装入泡沫箱的虾苗

（四）虾苗的放养

1. 放苗密度的控制　养殖池塘放养虾苗之前，应做好计划，放苗时准确计数，做到一次放足，以免养殖过程补苗。河口区池塘养殖南美白对虾的放苗密度，通常为4万～5万尾/亩；养殖过程分批多次收获的池塘，放苗密度可达到8万～10万尾/亩。放苗密度还可参考以下公式计算：

$$\text{放苗数量（尾/亩）}=\frac{\text{计划产量（千克/亩）}\times\text{计划对虾规格（尾/千克）}}{\text{经验成活率}}$$

经验成活率，依照往年养殖生产中对虾成活率的经验平均值估算。放养经过中间培育体长达到3厘米左右的虾苗，其经验成活率可按85%计算。

2. 放苗时间的选择　南美白对虾在水温为15～36℃可存活，最适生长水温为26～32℃。当水温高于20℃时且基本稳定即可放养虾苗，气温低于20℃时需加盖温棚。如没有搭建温棚，在气温不稳定、降雨、水温偏低的情况下放苗，虾苗成活率较低并且容易患病。

3. 放苗水体的基本要求　虾苗的环境适应性相对较弱，在放入养殖水体前，应确保水质条件满足虾苗存活和生长的需求。一般来说，养殖水体溶解氧含量应大于4.0毫克/升，pH 7.5～9.0，水色呈鲜绿色、黄绿色或茶褐色，透明度40～60厘米，氨氮浓度小于0.3毫克/升，亚硝酸盐浓度小于0.2毫克/升，水体盐度与育苗场出苗时的水体盐度接近。

4. 虾苗放养方法　虾苗运至养殖场后，先将密闭的虾苗袋在虾池中漂浮浸泡30分钟，使虾苗袋内的水温与池水温度相接近，以便虾苗有一个逐渐适应池塘水温的过程（图4-13），再将漂浮于虾池中的虾苗袋解开，在虾池中均匀释放虾苗（图4-14），可观察到健康虾苗会立即游到池塘底部，而体弱

图4-13　虾苗袋漂浮适应水温

图4-14　虾苗放养

图 4-15 虾苗网观察

虾苗则靠近水面随水漂流。可在池塘中设置 1 个虾苗网，放苗时取少量虾苗放入虾苗网（图 4-15），以便观察虾苗的成活率和健康状况。

应选择在天气晴好的清早或傍晚放苗，避免在气温高、太阳直晒时放苗。应选择避风处放苗，避免在迎风处、浅水处和闸门附近放苗。

河口区池塘水体盐度普遍较低，有的池塘水体盐度甚至为 0，所以一般会采取虾苗的中间培育措施，俗称“标粗”。先在 1 个较小的水体中放入适量的海水、盐卤水或海水晶，将水体盐度调节至 3～6，再将购买的虾苗放养于其中饲养 20～30 天，待其生长至一定规格（体长 3～5 厘米）后，再移至大水体中进行养殖。

5. 虾苗的中间培育 采用虾苗中间培育，有三个方面的优点：①可以避免由于池塘水体盐度过低，而导致虾苗成活率低；②中间培育池塘面积较小，便于养殖管理，既可做到合理投喂饲料，提高饲料的利用率，降低生产成本；③可以合理安排中间培育与养成的衔接，缩短养成时间，相对延长全年养殖生产时间，实现多茬养殖。

虾苗的中间培育方式，有“池标法”和“网栏法”两种：

（1）*“池标法”* 主要是利用面积较小的池塘（2～5 亩）集中培育虾苗，待虾苗长至一定规格再分疏于多个养殖池塘进行养成。也可在面积较大的养殖池塘中筑堤围隔小型池塘（图 4-16），在小池进行虾苗中间培育，然后通过小池闸门或者扒开池堤，让幼虾直接游入大池进行养成。中间培育池塘面积与养成池塘面积的比例，一般可按 1：（3～5）配置。

图 4－16　池塘标粗

（2）“网栏法”　在养成池塘边缘适于管理操作的地方，用 40～60 目的筛绢网或不透水的塑料布搭建围隔，进行虾苗的中间培育（图 4－17）。围隔容积一般为养成池塘水面面积的 10%～15%。虾苗培育至体长 3～5 厘米时，将栏网撤去，便可使幼虾疏散至整个养成池塘中。这种方式的优点是，不必另外设置中间培育池塘，而且可在养成池塘内集中对虾苗培育进行有效的管理。

图 4－17　围网标粗

中间培育池塘/围隔的前期处理与养殖池塘相同，放苗前应进行池塘清整除害和水体消毒，然后施用水体营养素和芽孢杆菌制剂培育浮游生物和有益菌，一方面为虾苗营造优良且稳定的栖息环境，另一方面水体丰富的浮游生物和有益菌团粒作为虾苗的生物饵料。中间培育池塘/围隔应有充足的增氧设施，最好能安装充气式增氧系统，保证水体溶解氧的供给。中间培育虾苗放养密度一般为120万～160万尾/亩，培育过程应投喂优质饵料，前期可加喂虾片和丰年虫进行营养强化，以增强幼虾体质和提高抗病力。

虾苗中间培育应注意以下事项：

①放苗密度不宜过大，以免影响虾苗的生长。

②培育时间不宜过长，一般经20～30天培育，幼虾体长达到3～5厘米时，应及时分疏转移到养成池塘。

③分池时，应保证养成池塘水质条件与中间培育池接近，注意保持水环境的稳定，避免幼虾移池后产生应激反应。

④应选择清晨或傍晚进行分疏转移，避免太阳直射，转移距离不宜过远，避免幼虾长时间离水造成损伤，整个过程要轻、快，防止操作剧烈或环境骤变引起幼虾产生应激反应。

（五）配合饲料的选择与投喂

1. 饲料的选择 优质的饲料是保证养殖对虾营养供给的第一个重要环节，饲料的质量状况对养殖对虾的生长和健康水平具有重要的影响。首先，饲料是养殖对虾的营养物质提供源，营养配方是否均衡、选用原料是否优质，直接影响到对虾的生长及健康水平；其次，饲料的适口性、可溶性等影响饲料的利用率，过多的残存饲料或饲料溶出物将造成养殖水质污染，影响到对虾的健康生长。

优质的对虾配合饲料应具有如下特点：

（1）营养配方全面、合理，能有效满足对虾健康生长的营养需要。

（2）水中的稳定性好，颗粒紧密，光洁度高，粒径均一。

（3）原料优质，饲料系数低，具有良好的诱食性。

（4）加工工艺规范，符合国家相关质量、安全和卫生标准。

选择饲料时，除了依据饲料生产厂家提供的质量保证书，还可以通过“一看、二嗅、三尝、四试水”的直观方法，对饲料的质量进行初步判断。

一看外观：优质的饲料颗粒大小均匀，表面光洁，切口平整，含粉末少。

二嗅气味：优质饲料具有鱼粉的腥香味，或者类似植物油的清香；质量低劣的饲料没有香味，或者有刺鼻的香精气味，或者只有面粉味道。

三尝味道：可用口尝检测饲料是否新鲜，有没有变质。

四试水溶性：取一把虾料放入水中，30 分钟后取出观察，用手指挤捏略有软化的工艺优良，没有软化的则有原料或者工艺问题。在水中浸泡 3 小时后仍保持颗粒状不溃散的为优，过早溃散或者难以软化的饲料则存在质量问题。

2. 饲料的科学投喂　饲料的科学投喂，是保证养殖对虾营养供给的第二个重要环节。把握好合理的投喂时间、投喂次数和投喂量，不仅有利于促进养殖对虾的健康生长，还可降低饲料成本，减轻水体环境负担，提高养殖综合效益。可通过在池塘中设置饲料观察台，观测对虾的摄食和生长情况。

（1）饲料观察台的设置　一般在离池塘边 3～5 米并远离增氧机的地方设置饲料观察台（图 4－18），以此观察对虾的摄食情况。饲料台的设置距离增氧机也应有一定距离，以避免水流影响对虾的摄食，从而造成对全池对虾摄食情况的误判。

图 4－18　饲料观察台设置

（2）开始投喂饲料的时间　开始投喂饲料的时间，要根据放苗密度、池塘基础饵料生物量等因素而定。一般来说，若池塘基础饵料生物丰富，水色呈鲜绿色、黄绿色或茶褐色，透明度约 30 厘米，放养不经中间培育体长 0.8～1.2 厘米的虾苗，可以放苗后 7～10 天才开始投喂人工饲料。若池塘基础饵料生物不丰富，则应在放苗第二天开始投喂饲料。如果放养经中间培育、体长 3 厘米以上的虾苗，则第二天就应该投喂配合饲料。还可通过在饲料台放置少量饲料来判断对虾是否开始摄食，以准确掌握开始投喂配合饲料的时间。

（3）饲料投喂量的控制　通过估测池塘中对虾的数量和体重，结合饲料包装袋上的投料参数（表 4-3），可以大致确定饲料的投喂量。但饲料投喂量受到天气、水质环境情况、池内对虾密度及体质（包括蜕壳）等多种因素的影响，具体的投喂数量应依据对虾实际摄食情况而定。每次投喂饲料时，在每个饲料观察台放置该次投喂饲料总量的 1%～2%，投料后 1～1.5 小时观察饲料台上的残存饲料和对虾摄食情况（图 4-19），并根据摄食情况灵活调整饲料的投喂量。若有饲料剩余，表明投喂量过大，可适当减少投料量；若无饲料剩余，且 80%的对虾消化道有饱满的饲料，表明投喂量较为合适；若对虾消化道饲料少，则需要酌量增加投料量。

表 4-3 市售某品牌饲料包装袋上饲料投喂量参考

南美白对虾饲料	虾体长度（厘米）	虾体重量（克）	每天投喂（重量%）	每天投喂次数
幼虾 0# 料	1～2.5	0.015～0.2	20～10	3
幼虾 1# 料	2.5～4.5	0.2～1.2	10～7	3
幼虾 2# 料	4.5～7	1.2～4.4	7～3	4
中虾 3# 料	7.0～9.5	4.5～10.9	6～4	4

图 4-19 饲料台观察摄食情况

（4）饲料投喂次数与时间　南美白对虾在黎明和傍晚摄食活跃，根据其生理习性，一般每天投喂 3 次，时间选择在 6：00～7：00、11：00～12：00、17：00～18：00 进行投喂。有条件的可投喂 4 次，在 22：00～23：00 加喂 1 次。白天投喂量占全天投喂量的 40%，晚上占 60%。每天投喂时间应相对固定，使对虾形成良好的摄食习惯。

南美白对虾是散布在全池摄食的，所以投料时在池塘四周多投、中间少投，并根据各生长阶段适当调整投料位置。小虾（体长5厘米以下）活动能力较差，在池中分布不均匀，主要投放在池内浅水处；而中、大虾则可以全池投放。投喂饲料时应关闭增养机1小时，否则饲料容易被旋至池塘中央与排泄物堆积一起而不易被摄食。

（5）投喂饲料的注意事项

①傍晚后和清晨多投喂，烈日条件下少投喂。

②水温低于15℃或高于32℃时少投喂。

③天气晴好时多投喂，大风暴雨、寒流侵袭（降温5℃以上）时少投喂或不投喂。

④对虾大量蜕壳的当日少投喂，蜕壳1天后多投喂。

⑤水质良好时多投喂，水质恶劣时少投喂。

⑥养殖前期少投喂，养殖中期多投喂，养殖后期酌量少投喂。

3. 营养免疫调控　当对虾开始摄食颗粒饲料时，可以选择维生素、益生菌、免疫蛋白、免疫多糖、中草药等免疫增强剂拌料投喂，增强对虾体质，提高对虾抗病机能，从而达到抑制疾病发生的目的。表4－4为几种常见的对虾营养免疫增强剂的作用功效。

表4－4　几种对虾免疫增强剂调控作用

营养免疫增强剂	作用原理	功　效	常见种类
维生素	促进主要营养素的合成与降解，从而控制机体代谢	提高对虾免疫力，促进正常的生长代谢	维生素C、多种维生素
益生菌	分泌活性消化酶，参与生理活动，调整微生态	促进消化，降低饵料系数；抑制有害菌生长	芽孢杆菌、乳酸菌、光合细菌等
免疫蛋白	补充营养（小肽、微量元素等），增强对虾非特异性免疫能力	加快长速；提高成活率；减少发病	蝇蛆蛋白等
免疫多糖	增强对虾非特异性免疫能力	提高成活率，降低发病率	酵母多糖、海藻多糖、虫草多糖等
中草药	抑制病原繁殖，提高对虾免疫力	促生长，提高养殖成活率、抗病力和抗应激性	板蓝根、黄芪、大黄等

饲料添加免疫增强剂的具体操作：

（1）溶解　将免疫增强剂溶于适量的水中。

（2）搅拌　将溶有营养免疫增强剂的水溶液与饲料搅拌均匀，以便饲料能充分吸附。

（3）晾干　把饲料摊开自然风干，一般为30～40分钟。

（4）包裹　将适量的鱼油或溶于水的海藻粉与饲料再进行搅拌，防止免疫剂在投喂时损失。

（5）再晾干　再将饲料摊开，15分钟后即可投喂。

（六）养殖过程环境调控

1. 封闭或半封闭控水　养殖过程应控制池塘水的交换频率和交换量，既节约水资源，又降低外来污染和病害交叉感染的风险，减少养殖对虾应激反应和感染病害的概率。养殖前进水至满水位的池塘，在养殖过程实现封闭式管理。如因水分蒸发导致水位下降，可适时添加少量水源补充水位。养殖前进水至1米水位的池塘，在养殖前期（放苗1个月内）不需添、换水；养殖中期逐渐添水至满水位；养殖后期根据池塘水质变化、对虾健康状况和水源质量情况适当换水。每次添（换）水量不宜过大，控制在池塘总水量的5%～15%为宜，尽量保持池塘水体环境的稳定。

由于对虾养殖的快速发展，有些地区养殖场密集，交叉污染严重，养殖过程进水前应充分了解水源状况，选择水源条件较好时引入养殖用水源，并经过滤、沉淀或消毒以后再引入对虾养殖池，避免由水源带入污染和病原。有条件的地方应设置蓄水消毒池，水源先引入蓄水池进行沉淀、消毒处理后再引入养殖池，既可避免由水源带入的污染和病原生物，保证养殖对虾的健康，又可保证优质水源的供应。

2. 定期施用芽孢杆菌制剂　养殖过程施用芽孢杆菌，有助于形成有益菌生态优势，及时降解转化养殖代谢产物，使池塘物质得以良性循环，促进优良微藻生长，抑制弧菌等有害菌滋生，降低水体有害物质的积累。

放苗前培水时施用芽孢杆菌以后，养殖过程每隔7～15天应施用1次，直到对虾收获。每次的使用量要合适，使用量太少不能发挥作用，使用量过多可能有不良影响。如果施用含芽孢杆菌活菌量10亿个/克的菌剂，按池塘水深1米计，放苗前的使用量为1～2千克/亩，养殖过程中每次使用量为0.5～1千克/亩。

使用芽孢杆菌菌剂之前，可将芽孢杆菌菌剂加上 0.3～1 倍的有机物（麦麸、米糠、花生麸和饲料粉末等）和 10～20 倍的池塘水搅拌均匀，浸泡发酵 4～5 小时，再全池均匀泼洒；也可直接用池水溶解稀释，全池均匀泼洒。

施用芽孢杆菌菌剂后，不宜立即换水和使用消毒剂。若有使用消毒剂，2～3天应重新施用芽孢杆菌。

3. 适时施用水体营养素　浮游微藻的正常繁殖，是水质调控的主要目的之一。在养殖过程中，除了通过使用有益菌菌剂的措施保持优良藻相之外，适时添加水体营养素也必不可少。养殖生产过程的几种情况下，需施用水体营养素：

（1）*养殖前期水体偏瘦*　养殖前期饲料投喂量少，池中营养不足，浮游微藻的生长以及食物链的作用，使水体营养水平迅速，此阶段应该及时补充水体营养素，保障浮游微藻稳定生长，维持良好水色。一般来说，自第一次施用水体营养素以后，相隔 7～15 天应追施 1 次，重复 1～2 次。以施用无机复合营养素或液体型无机有机复合营养素为宜，不宜使用固体型大颗粒有机营养素。具体用量可根据选用产品的使用说明，结合浮游微藻的生长和营养状况酌情增减。

（2）*急剧降温或强降雨之前*　温度急剧下降和大量的降水，都对浮游微藻繁殖不利。在这些情况发生之前，施用水体营养素使浮游微藻旺盛繁殖，可增强对恶劣气候的抵御。

（3）*连续阴雨天气*　连续阴雨天气下，浮游微藻光合作用差，水体溶解氧含量低，有益微生物繁殖效果不好，不能高效分解池塘的有机物供微藻吸收利用。施加氨基酸或无机营养素，可基本维持藻相的稳定。

（4）*浮游微藻过度繁殖后趋于老化*　浮游微藻过度繁殖，快速消耗水中大量营养，水体营养盐不够易导致微藻发生大量死亡而使池水老化。及时施用水体营养素可使浮游微藻保持稳定生长，避免水质恶化。此种情况下，注意施用的水体营养素应少含有机质，避免对池底造成污染。

（5）*补充矿物质*　由于河口区池塘水体多为淡水，水体中的钙、镁等中微量元素含量偏低，在养殖过程尤其是养殖中、后期对虾蜕壳阶段，可往池塘水体中泼洒含钙、镁离子的制剂，以满足对虾生长对钙、镁离子的需求。

养殖过程往往因气候突变或者操作不当导致微藻大量死亡，透明度突然升高，水色变清，俗称“倒藻”或“败藻”。此时，应联合施用芽孢杆菌、乳酸杆菌等有益菌，加速分解死藻残体，促进有机物的降解转化。同时，施用施用无机复合营养素或液体型无机有机复合营养素，及时补充微藻生长所需的营养，重新培育良好藻相。有条件的可先排出一部分养殖水体，再引入新鲜水源或从其他藻相优良的池塘引入部分水体，再进行“加菌补肥”的操作。

4. 合理施用光合细菌制剂 光合细菌是一类有光合色素、能进行光合作用但不放氧的原核生物，能利用硫化氢、有机酸做受氢体和碳源，利用铵盐、氨基酸、氮气、硝酸盐、尿素做氮源，但不能利用淀粉、葡萄糖、脂肪、蛋白质等大分子有机物。养殖过程合理使用光合细菌制剂，可有平衡微藻藻相，缓解水体富营养化的作用。

在养殖中、后期，随着饲料投喂量的不断增加，水体富营养化水平日趋升高，容易出现微藻过度繁殖、透明度降低、水色过浓的状况。此时，可使用光合细菌制剂，利用其进行光合作用的机制，通过营养竞争和生态位竞争，防控微藻过度繁殖，调节水色和透明度，净化水质（尤以对氨氮吸收效果明显），优化水体环境质量。此外，光合细菌在弱光或黑暗条件下也能进行光合作用，在连续阴雨天气科学使用，可在一定程度上替代微藻，起到吸收利用水体营养盐、净化水质、减轻富营养水平的作用。

光合细菌制剂的使用量，按菌剂活菌含量和水体容量进行计算。活菌含量5亿个/毫升的光合细菌菌剂，以1米水深的池塘计算，通常用量为2.5～3.5千克/亩。若水质严重不良，可连续使用3天。使用时将菌剂充分摇匀，用池水稀释后全池均匀泼洒。施用光合细菌菌剂后，不宜立即换水和使用消毒剂。

5. 合理施用乳酸菌制剂 乳酸菌是指能从葡萄糖或乳糖的发酵过程中产生乳酸的细菌统称，属于无芽孢的革兰氏染色阳性细菌。乳酸链球菌族的菌体呈球状，群体通常成对或成链结构，乳酸杆菌族的菌体杆状，单个或成链，有时成丝状、产生假分支。养殖过程施用乳酸菌，可分解利用有机酸、糖、肽等溶解态有机物，吸收有害物质，平衡酸碱度，净化水质，还能抑制微藻的过度繁殖，使水色清爽、鲜活。

当养殖中后期出现水体泡沫过多、水中溶解性有机物多、水体老化和亚硝酸盐浓度过高等情况时，可使用乳酸杆菌制剂进行调控，促使水环境中的有机物得以及时转化，降低亚硝酸盐含量，保持水质处于“活”“爽”的状态。此外，乳酸菌生命活动过程产酸，养殖过程如出现水体pH过高的情况，可利用乳酸菌的产酸机能进行调节，起到平衡水体酸碱度的效果。

乳酸菌制剂使用量，按菌剂活菌含量和水体容量进行计算。活菌含量5亿个/毫升的菌剂，1米水深的池塘，每次用量为2.5～3千克/亩。若养殖水体透明度低、水色较浓，使用量可适当加大至3.5～6千克/亩。

乳酸菌菌剂使用前应摇匀，以池塘水稀释后全池均匀泼洒；也可稀释以后按5%的量添加红糖培养4小时再使用，效果更好。施用乳酸菌菌剂后，不宜立即换水和使用消毒剂。

6. 合理使用理化型环境改良剂　随着养殖时间的延长，池塘水体中的悬浮颗粒物不断增多，水质日趋老化，加之养殖过程中天气变化的影响，水体理化因子常常会发生骤变。此时，在合理运用有益菌调控的基础上采取一些理化辅助调节措施，科学使用理化型水质改良剂，可及时调节水质，维持养殖水环境的稳定。

沸石粉、麦饭石粉、白云石粉是一类具有多孔隙的颗粒型吸附剂，具有较强的吸附性。养殖中后期水体中悬浮颗粒物大量增多、水质混浊时，每隔1～2周可适当施用，吸附沉淀水中颗粒物，提高水体的透明度，在强降雨天气后也可适量使用。一般用量为10～15千克/亩，可根据养殖水体的混浊度、悬浮颗粒物类型和产品粉末状态等酌情增减。沸石粉、麦饭石粉、白云石粉也可作为吸附载体与有益菌制剂配合使用，将有益菌沉降至池塘底部，增强其底质环境净化的功效，达到改良底质的效果。

若遭遇强降雨天气、pH过低，可适时在养殖池中泼洒适量的农用生石灰，能提高水体碱度，使水中悬浮的胶体颗粒沉淀，并增加钙元素。生石灰的用量一般为10～20千克/亩，具体根据水体的pH情况酌情增减。强降雨天气也可把生石灰撒在池塘四周，中和堤边冲刷下来的酸性雨水。

当水体pH过高，则可适量施用腐殖酸，促使水体pH缓慢下降并趋向稳定。同时，配合使用乳酸菌制剂效果更好。

养殖中、后期池塘中的对虾生物量较高，遇上连续阴雨天气、底质恶化等情况，容易造成水体缺氧的现象。此时，应立即使用一些液体型或颗粒型的增氧剂，迅速提高水中的溶解氧含量，缓解水体的缺氧压力。

（七）合理开动增氧机

1. 增氧机的设置　水车式增氧机是池塘养殖应用最广泛的一种增氧机。开动增氧机，叶轮拍击搅动池塘表层水，溅起浪花，增加水体与空气的接触面，促进氧气的溶入，同时带动微藻的运动，增加微藻光合作用表面积，提高光合作用效率，增大溶解氧产生量。通过增氧机的搅水作用，加快池塘水体的上下层对流，将表层水体的高溶氧送入底层，提高池塘水体的溶解氧水平，加速有机物的分解，并使底层有害气体逸出水面，降低池水体中有毒物质的毒性，促进对虾摄食旺盛，增强抗病能力。通过多台水车式增氧机的协同接力，促使池塘水体朝固定方向流动形成环流，从而将水体中的污物和生物残体集中于池塘中央，起到一定的水环境净化作用。在高密度养殖条件下，以有限量的水源进行池水交换的池塘，应用增氧机强化增氧尤为重要。

增氧机的配置数量，视放养密度和预计产量而定。一般集约化养殖增氧机的配备数量为 0.75～1.5 千瓦/亩。增氧机的排列方向应合理设置（图 4－20），开动时可使池水形成环流，以利于把污物集中到池塘中间底部，为对虾营造良好的摄食、栖息环境。

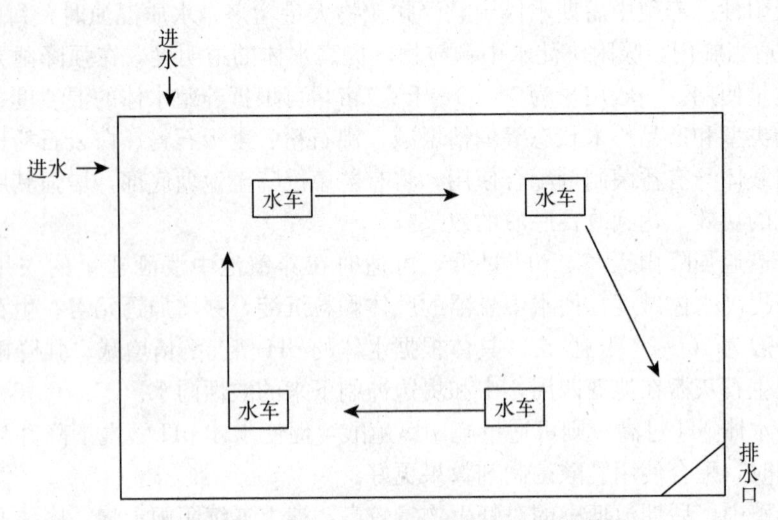

图 4－20　某池塘中水车式增氧机的摆放位置

为了提高虾池底部的溶氧量，近年开始有较多养殖者使用池底充气增氧系统，可有效提高增氧效率，增加底部的溶解氧。

2. 增氧机的使用　增氧机的开启与对虾放养密度、气候、水温、池塘条件及配置功率有关，养殖生产中应根据实际情况，将微藻生态增氧和机械增氧进行有机的结合，实施科学的增氧管理策略，既有利于降低能耗减少电力成本，又可保证水体的增氧效率。在光照充足时，可利用微藻的光合作用产氧，达到生态增氧的效果；在光照不足时，通过提高机械增氧的功率，来提升和保持养殖水体溶氧水平。增氧机的开启遵循以下原则：养殖前期少开，养殖后期多开；凌晨水体溶氧量低时和晴天中午多开；气压低、阴雨天气时多开，天气晴好、风大时少开；饲料投喂时不开，饲料摄食完后开启。

在养殖中、后期，如果养殖密度过高，在连续阴雨天气、底质恶化等情况下，可适时适量使用增氧剂，迅速提高养殖水体的溶解氧含量，在短时间内缓解水体的缺氧压力。

（八）日常管理工作

1. 巡塘观测　养殖过程需每天早、中、晚 3 次巡塘，观测水质和对虾生长等情况，测试相关水质因子。

（1）观察硬件设备是否损坏（如排水闸口是否漏水，增氧机、水泵及其他配套设施是否正常运作）。

（2）观察对虾活动分布情况，以便于判断对虾的健康程度。健康对虾潜伏于池底或在近底处游动觅食，而且游动灵活，反应灵敏。表 4－5 列举了养殖过程中对虾几种异常的活动情况及相应可能的原因。

表 4－5　对虾几种异常活动的现象及相应可能的原因

异常现象	可能原因
对虾夜间易受惊吓	①池塘底部出现恶化 ②对虾密度过大，溶氧偏低
对虾连续数天进行有规律地游动	①气温下降，池塘底部温度偏高，因此产生少量有毒物质 ②投喂饲料不足，对虾觅食
少量对虾在水面浮游	①对虾空胃，则为患病 ②太阳出来或增氧加强后该现象消失，则为轻微缺氧浮头
大量对虾在水面浮游	水体严重缺氧

（3）观测水质情况，经常测定水温、盐度、pH、水色、透明度、溶解氧、氨氮和亚硝酸盐等指标。常见水质指标的检测，如表 4－6 和图 4－21 至图 4－24 所示。养殖生产过程使用试剂盒检测的一些常见水质指标，如表 4－7 所示。有条件的应定期取样检测微藻种类与数量。

表 4 - 6　常见水质指标的检测

水质指标	测量工具	指标的适宜范围
水温	温度计	日变化应<5
水色	目测	绿色、茶色或黄绿色为佳
透明度	自制透明度盘	30～60 厘米
溶解氧	溶氧仪	≥5.0 毫克/升
亚硝酸盐	分光光度计或试剂盒	淡水≤0.3 毫克/升，海水≤2 毫克/升
氨氮		≤0.5 毫克/升
pH	试剂盒或 pH 测试仪	7.8～8.6
硬度	试剂盒	淡水>500 毫克/升，海水>800 毫克/升
总碱度	试剂盒	淡水>80 毫克/升，海水>120 毫克/升
盐度	盐度计或比重计	盐度日变化应<5

图 4 - 21　取水样和测量溶解氧

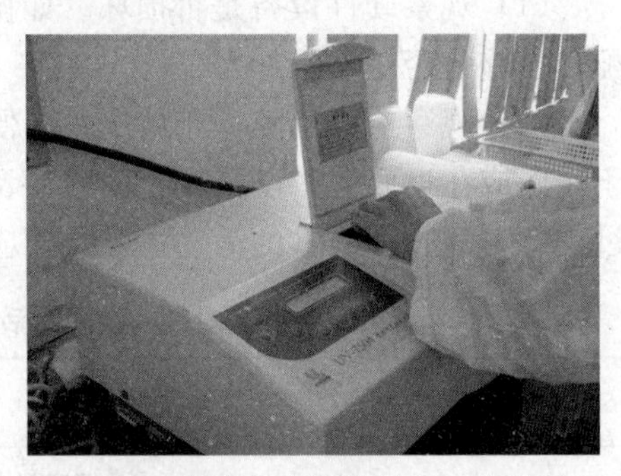
4 - 22　分光光度计测量水质理化因子

图 4 - 23　透明度测量

图 4 - 24　使用试剂盒测量水质指标

表 4-7　使用试剂盒检测的常见水质指标

水质指标	适宜范围	特性以及对养殖对虾的影响	建议检测时间或检测频率
pH	7.8～8.6	可反应浮游微藻的生长状况	每天早上和下午检测 2 次
氨氮	≤0.5 毫克/升	对虾体有毒害作用，为限制对虾生长的因子，当水体 pH<7 时其毒性增强	放苗前检测，养殖中、后期对虾摄食饲料量大或微藻生长异常时检测
亚硝酸盐	≤0.3 毫克/升	对虾体毒害较强，养殖中、后期浓度容易升高并难以下降，超标后会使对虾软壳，严重者造成大量死亡	放苗前检测，养殖中、后期对虾摄食饲料量大或微藻生长异常时检测
硫化氢	≤0.03 毫克/升	水质恶化和高温季节易产生，低浓度时影响对虾生长，高浓度时致对虾死亡	养殖中、后期微藻大量死亡时检测

（4）及时掌握对虾生长及摄食情况。每次投喂饲料 1 小时后，检查饲料观察台，观察饲料是否剩余和对虾生长是否正常、肠胃是否饱满（图 4-25），根据对虾规格及时调整使用相应型号的配合饲料。

（5）定期测量对虾的体长和体重，养殖中、后期定期抛网（图 4-26），估测池内存虾数及生长情况，以及时调整不同型号的对虾饲料。

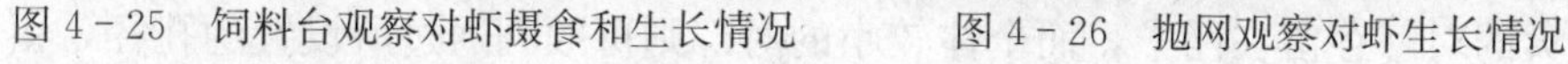

图 4-25　饲料台观察对虾摄食和生长情况　　图 4-26　抛网观察对虾生长情况

2. 合理用药　养殖期间可适当使用二氧化氯、聚维酮碘等水体消毒剂对水体进行消毒。气候恶劣、水质不良和对虾易染病的时候，使用营养免疫调控剂提高对虾抗病力和抗应激力。使用药物必须遵照《无公害食品　渔用药物使用准则》（NY 5071）的要求，使用两小（残留小、用量小），具有三证（兽药生产许可证、批准文号、产品执行标准）的高效渔药，并严格遵守渔药说明书的用法用量。药物使用应有间隔期、休药期和轮换制，在施用渔药时建立处方制。严格禁止使用两高（高毒、高残留），三致（致癌、致畸、致突变）的药物。

3. 养殖记录 饲料、药品做好仓库管理，进、出仓需登记，防止饲料、药品积仓。做好养殖过程有关内容的记录（如放苗量、进排水、水质、发病、施用调控剂、用药、投料和收虾等），整理成养殖日志，以便日后总结对虾养殖的经验、教训，提高养殖水平，同时，为建立对水产品质量可追溯制度提供依据。

三、南美白对虾河口区池塘养殖收获

（一）一次性收获方式

养殖一段时间以后，若同一养殖池中对虾规格较为齐整，市场需求对虾数量较大时，可采用一次性收获方式，放苗密度较低（4 万～5 万尾/亩以下）的池塘，多采用该种方式收获养殖对虾。收获时，一般先排放一部分水体，根据对虾数量和虾池结构特点，选择合适的地方进行放网和收网。利用拉网方式起捕养殖池的所有对虾，每次拉网收虾量应该控制在 200～400 千克，以免因对虾数量过多造成相互挤压，从而影响收获对虾的品质（图 4－27）。一次性收获的优点在于，起捕较为方便，不需担心因收获时养殖池塘环境激烈变化而引起存池对虾应激或死亡。

（二）捕大留小多次收获方式

若养殖池内对虾规格差异较大，而市场虾价又相对较高时，为保证对虾养殖的经济效益，可适时采用捕大留小多次收获方式，放苗密度较高（10 万尾/亩左右）的池塘，多采用该种方式收获养殖对虾。一般所使用的方法有大网孔式拉网收虾法和网笼收虾法，其主要目的均是通过控制捕获工具的孔径，使规格较大的对虾存留在网中，而个体较小的对虾则可顺利通过所设置的孔径，留存于养殖池内。至于网、笼的孔径大小，应视预计收获对虾的规格而定。

采用大网孔式拉网收获对虾时，往往导致养殖池塘水质、底质环境的剧烈变化，从而引起存池对虾发生应激甚或死亡。所以，通常在收获前需泼洒一些葡萄糖和乳酸杆菌、光合细菌等有益菌，收获后进行水体消毒和底质改良等处

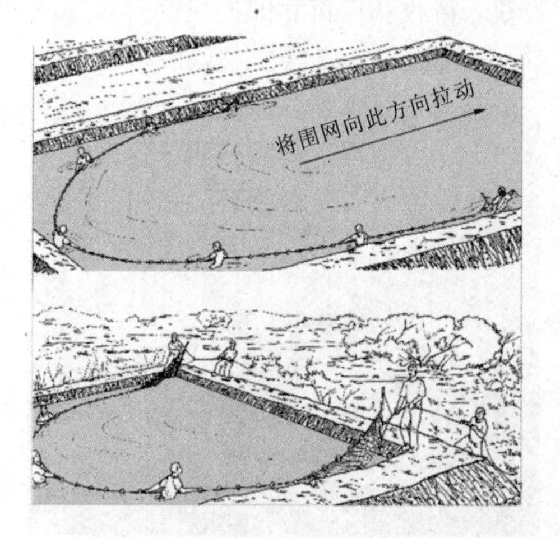

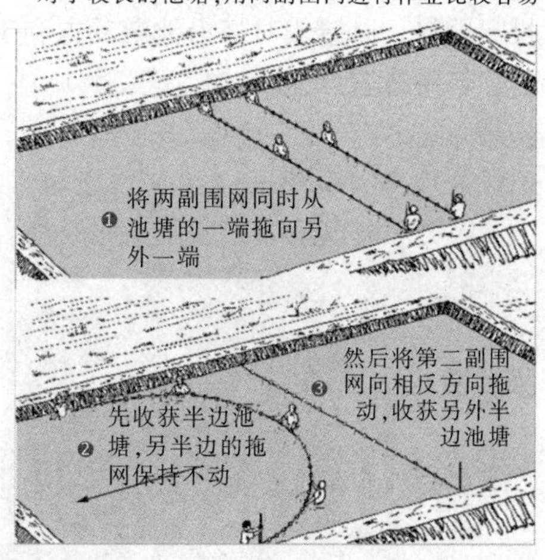

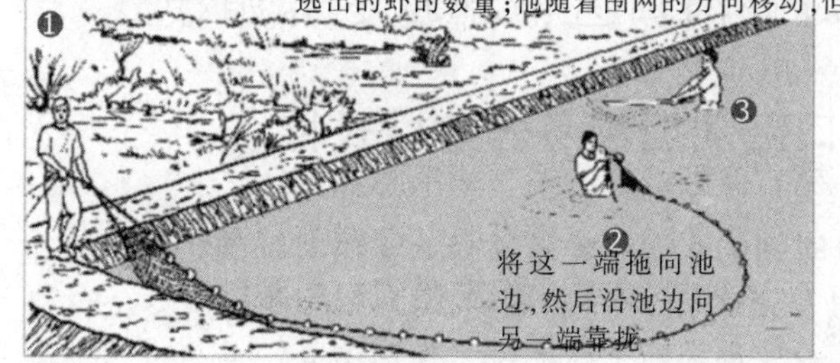

图 4－27　拉网捕虾示意图

理，避免原来沉积于池底的有害物质重新进入养殖水体危害存池对虾。也有的养殖户不进行消毒，在清早捕虾后停止开启增氧机 4～8 小时，使水体颗粒物沉积池底，待晚上再开启增氧机为水体增氧。

采用网笼收虾时，应事先准备好适宜的网笼。网笼呈镂空的圆柱状，主体以金属条制备圈型骨架，以网衣包裹而成（图 4－28）。网衣孔径的大小要视所收获对虾的具体规格而定，一般为 3～4 厘米。通常，将网笼安置在距离养殖池塘堤岸 3 米左右处（图 4－29），开口与堤岸相对，开口处另设 1 道网片。待对虾沿池边游泳时进入网笼内，大规格对虾由于网衣阻隔留于笼内，小规格对虾则可顺利通过网孔游回池塘。采用网笼捕捞一般在晚上装笼，清晨起捕，但具体的收获时间、网笼数目需根据计划捕获的对虾数量而定。收获前应停止投喂饲料，以造成对虾沿池游动方利于收获，待收获后再立即投喂饲料。

图 4-28 笼 网

图 4-29 下网捕虾

第二节 南美白对虾河口区池塘越冬养殖模式

一、南美白对虾河口区池塘越冬养殖模式特点

我国南方地区全年大部分时间的水温都比较适合南美白对虾的生长，但在冬季和初春自然水温却不能满足南美白对虾的生长，但是此时的活虾价格最好，可获取更高的经济效益。在这种情况下，广东、福建以及广西等部分地区尝试在冬季通过搭建保温棚增温的方法进行南美白对虾的养殖，虽然投资高、风险大，但是养殖收益与夏、秋季正常养殖相比更高，因此，受到部分有条件养殖者的欢迎，养殖面积逐年扩大。

目前，在广东、福建的部分地区有较多的虾池进行冬棚养殖，以低盐度淡化养殖区的规模最大，高位池养殖也有不少。其特点如表 4-8 所示。

表 4-8 冬棚养殖模式特点

风险大	①基础设施投资大 ②养殖周期长 ③养殖投入品使用量大

（续）

效益好	①成本增加30%～40%，商品虾售价增加80%～100%，甚至更多 ②可小规格出售、轮捕上市，产量略高
技术要求高	①棚中光照强度弱，浮游微藻不易培养 ②环境封闭，空气交换量少 ③养殖周期长，水质、底质易恶化

二、南美白对虾河口区池塘越冬养殖技术

（一）池塘处理

1. 清淤　上一茬养殖过后，在池塘底部聚集了对虾粪便、残饵等有机污物，要将其清除以避免有害菌大量繁殖。地膜池和水泥池使用高压水枪进行冲洗，土池可使用高压水枪冲洗，或待池塘晒干后用推土机将淤泥清除。

2. 整池和晒池　土池在清淤工作完成即对底部进行平整，并修补池堤和进、排水口渗漏的地方。如果具备时间充裕和天气适宜的条件，可让池塘进行充分曝晒，以进一步杀灭病菌。

3. 池塘消毒　地膜池和水泥池在冲洗干净后，在池塘中洒入生石灰或漂白粉，使用量以池底和池壁均匀洒到为准。

土池在池底、池壁经水润湿后，洒入生石灰或漂白粉。池底偏酸性的使用生石灰，每亩用量为100～200千克；底质不酸的池塘使用漂白粉，每亩用量为10～20千克。

（二）冬棚搭建

1. 冬棚搭建时间　根据各地的气候特点，选择在冷空气到来之前搭建冬棚，翌年气温回升至23℃以上时将冬棚拆除。大多数的养殖者采用的是先搭棚、后放苗的方式；也有少部分的养殖者由于种种原因而先放苗，然后再搭建冬棚。

2. 常见冬棚的结构和特点　常见冬棚的结构有3种，根据所在地的不同，可将它们分别称为珠三角保温棚（图4-30）、闽南保温棚（图4-31）和福州保温棚（图4-32）。它们各自的特点如表4-9。

表 4-9　不同结构保温棚的特点

温棚类型	结构特点	优　点	缺　点
珠三角保温棚（图 4-30）	薄膜上下无尼龙网覆盖，只有钢缆，钢缆间距较小	搭盖简单；成本低（造价约 2 500 元/亩）	抗风能力差，薄膜易破损
闽南保温棚（图 4-31）	薄膜上下为两层尼龙网，网的上下为两层钢缆（或尼龙绳），钢缆（或尼龙绳）的间距较大	整体性好，薄膜不易破损；成本低（造价约 3 000 元/亩）	保温性、抗风能力差，不适于在风大及气温偏低的地方搭建
福州保温棚（图 4-32）	与以上两种结构相差较大，为竹片弯成半圆形，在上面覆盖薄膜	薄膜上不会积水；保温性能好；抗风能力强	造价高（约 8 000 元/亩）；成虾收获困难，只能采取“笼捕法”收虾

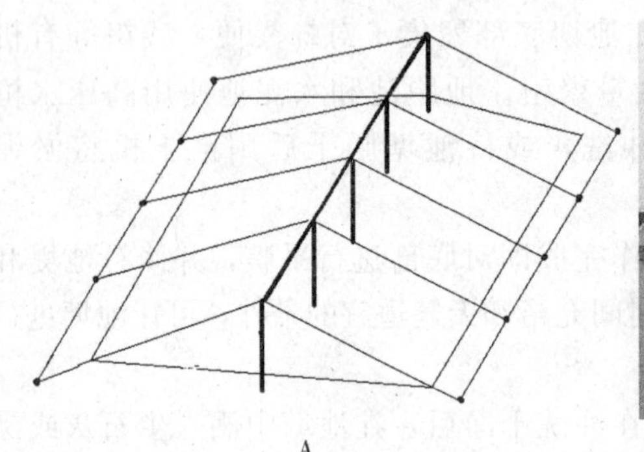
A

B

图 4-30　珠三角保温棚
A. 内部结构示意图　B. 正面照片

A

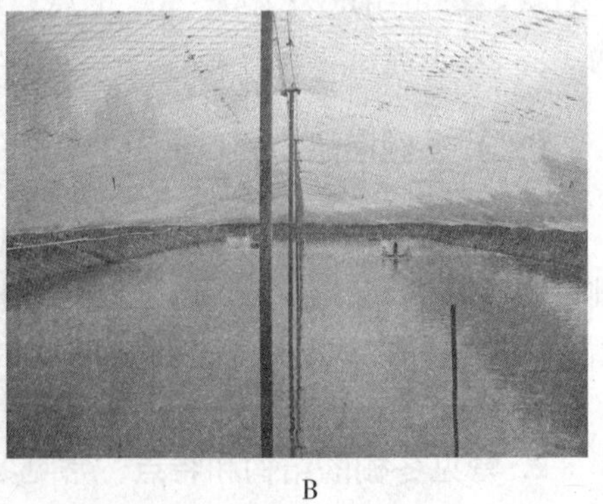
B

图 4-31　闽南保温棚
A. 支架　B. 内部构造

A

B

图 4-32　福清保温棚

A. 支架结构　B. 外观

3. 搭建保温棚的材料　搭建不同类型保温棚的材料如表 4-10。要求所搭建的支架坚固、稳定，能支撑起成人在上面走动。除此之外，支架、钢缆规格的选择还应根据当地的风力大小决定。塑料薄膜可选用透光性强的白色薄膜，气温低的地区可选择略厚的薄膜。例如，闽南地区一般选择的薄膜厚度为 0.4～0.5毫米，福州地区选择的薄膜厚度为 0.7～0.8 毫米。

表 4-10　搭建保温棚材料的选择

材料种类	珠三角保温棚	闽南保温棚	福州保温棚
支架	杉木	杉木、水泥杆或竹木	竹木
支撑网	钢丝	钢丝或尼龙绳	竹木（剖开成片使用）
边桩	木桩	木桩或水泥桩	无
薄膜	透光性强的白色塑料薄膜	透光性强的白色塑料薄膜	透光性强的白色塑料薄膜
网	无	尼龙网	无

4. 注意事项

（1）铺膜时应注意薄膜与支架间的固着，使薄膜与支架、支撑网构成一个整体。

（2）棚顶斜度平顺，下雨时不易形成积水。

（3）保温棚边沿部分易积水，在薄膜拉盖后应在局部区域用竹竿将薄膜扎破，以防暴雨天气因积水过多而导致棚坍塌。

（4）已经放养虾苗的池塘盖棚时，拉盖薄膜的速度不宜过快，一般应有 1

周左右的过渡期，以防止造成水质剧变和对虾应激。

（三）进水及水处理

1. 进水方式 池塘消毒完成并且冬棚支架固定后，方可向池塘进水。所用水源为地下水或砂滤海水的可以直接抽水入池。使用其他水源的，应在进水闸口或水泵的出水管处安装 60～80 目的筛绢网。

2. 进水量控制 养殖过程进水不方便的池塘，可一次性把水进够（进水深度可根据池塘的具体情况而定，一般应为 1.3 米以上）；如养殖过程中进水方便的池塘，可先抽入约 1 米左右的水，养殖过程中根据实际情况再逐渐添加。

3. 盐度调节 水源为纯淡水的，应在整个池塘或池塘的围隔中添加天然海水、海水晶或盐卤，将池水的盐度提高，以提高虾苗的成活率。

4. 水体消毒 进水工作完成后进行水体消毒。一般使用对细菌、病毒、霉菌杀灭能力强，而且对浮游微藻损害性较小的消毒剂（如二氧化氯）。

5. 药残及重金属消除 水体消毒 2～3 天后，使用有机酸或有机盐络合水体中可能存在的重金属离子或残留的消毒药。

6. 营造良好水环境 水体解毒的第二天，施放芽孢杆菌制剂和浮游微藻营养素，培养优良浮游微藻并构建良好的菌相。地膜池或新建土池施用有机营养素，底质有机质多的施用无机营养素。

避免施用未经发酵处理的有机肥，因为未经处理的有机肥含有害菌和有害气体会对池水造成污染。供农作物使用的化学肥料也要慎用，否则不仅会容易造成底生丝藻生长，而且也会因营养元素比例不适而形成不良藻相。

对于淡化养殖，由于淡水的缓冲力较低，养殖前期浮游微藻繁殖旺盛很容易导致 pH 偏高，可选用乳酸菌制剂与米糠、红糖的发酵物进行调节。

（四）虾苗放养

1. 虾苗选择 向信誉好、虾苗质量稳定的苗场选购虾苗。建议购买不带病毒（SPF）或抵御特定病毒（SPR）的虾苗。除此之外，所选虾苗要满足胃肠饱满、体表完整、无污物附着、规格整齐、反应灵敏和健壮等条件。

2. 虾苗测试 选择合适的虾苗后，在放苗前用养殖池水对虾苗进行测试，24 小时后虾苗成活率在 90％以上则测试通过。

3. 虾苗放养

（1）放苗时间 选择晴好天气的白天放苗，避免在寒潮袭击、阴雨等恶劣天气状况下投放虾苗。注意虾苗场池水的盐度、温度要与养殖池的接近。

（2）放养密度　放养密度的大小视养殖模式、硬件设备、管理水平而定。由于小规格对虾价格高和气温偏低的原因，冬棚虾苗的放养密度大于常规养殖。

一般来说，土池养殖的放苗密度为6万～10万尾/亩；具底部排污的地膜池和水泥池养殖的放苗密度为10万～20万尾/亩。

（3）放苗的具体操作　将虾苗袋在虾池中浸泡5～10分钟，使虾苗袋内的水温与虾池的水温相同或接近，才打开袋口，将虾苗慢慢放入池水中。

4. 注意事项

（1）放苗之前要检测池水的氨氮（≤0.5毫克/升）、亚硝酸盐（≤0.3毫克/升）、pH（7.8～9.0），避免因水质理化因子异常而导致虾苗死亡。特别注意的是，当pH偏高时，如果水体中氨氮偏高，其毒性会增大。

（2）如果虾苗要经过长时间运输，要适当降低水温，防治运输过程中水温过高而导致虾苗损失。

（3）放苗前要做好计划，放苗时准确计数，做到一次放足，以免后期补苗。

（4）为增强虾苗对池水的适应能力，可在放苗前数小时在养殖水体中泼洒维生素C。

（五）饲养管理

1. 饲料选择　虾苗放养15～20天内，宜选择投喂优质的饲料，如虾片、虾苗开口料等。如果虾苗在标粗池或围隔中集中暂养，可投喂丰年虫，强化虾苗的体质，提高成活率。

养殖过程中主要投喂人工配合饲料，饲料应选择信誉高、服务好、质量稳定的产品。冬棚养殖由于水温偏低，可选择蛋白含量稍高的饲料。

在养殖过程中因水温低而肥水困难时，或者在养殖后期对虾临近上市的阶段，有条件的可适当投喂鲜活饵料（如低值贝类），以达到催肥的效果。但特别要注意的是，鲜活饵料投喂前要经过消毒剂（如聚维酮碘）的浸泡处理，而且当水质过肥时应立即停止投喂。

2. 科学投喂

（1）投喂时间　虾苗投放第二天开始投喂饲料，每天投喂3次，投喂时间分别为7：00～8：00、11：30～12：30和16：00～17：00。

（2）投饲量确定　投苗第二天，饲料投喂量为每天500克料/10万苗；投苗后3～15天内，以每天递增200克料/10万苗的数量增加饲料投喂量；投苗

15天后，以每天递增300克料/10万苗的数量增加饲料投喂量。当对虾可以摄食完饲料台上的饲料后，投饲量主要参考饲料观察台的摄食情况。

在每口池塘的3～4个不同位置设置饲料观察台，每次投喂饲料时在饲料观察台上放置1%～2%的投饲量。投饲后，在一定时间内察看饲料观察台，以饲料台上的饲料在规定时间内基本吃完为宜。察看饲料观察台的时间为：养殖前期在投饲后1.5～2小时；养殖中期在投饲后1～1.5小时；养殖后期在投饲后1小时。

(3) 投喂方法　虾片、开口料和0号饲料要加水搅拌后投喂，投喂区域主要集中在池内浅水处或浅滩，以便于活动力差的小虾摄食。其他型号的饲料直接干撒，投喂区域逐渐从浅水处转向全池（池塘中间污物聚集区域除外）均匀投喂。

(4) 注意事项　投苗后的1个月内，如果池塘中浮游微藻生长良好、基础饵料丰富，可酌情减少饲料投喂量；阴雨、气压低等恶劣天气时，应减少投饲量；养殖中、后期水质不良，尤其是亚硝酸盐含量偏高时，要控制饲料的投喂量。

3. 营养免疫调控　养殖30～60天期间，对虾生长速度快而营养容易相对不足，同时，管理不善也易导致水环境恶化。因此，营养免疫调控工作尤为重要。一般的做法是拌料投喂多种维生素、多种矿物质、益生菌、免疫多糖、中草药等免疫增强剂，提高对虾的抵抗力。

（六）水质调控

1. 少量换水与半封闭控水　冬棚内外水温相差较大，所以换水量很少，水质的调控主要依靠使用养殖投入品来调节。高位池越冬养殖在排污后适量进水，养殖后期进行少量的换水；土池越冬养殖一般不换水，在水质差、藻相不良的时候添加部分新水。

2. 使用有益微生物　池塘中不断增加的代谢产物，主要通过微生物来分解、转化和吸收，养殖密度大而池中微生物含量相对不足，将影响代谢产物的降解转化。因此，需外源添加有益微生物。

(1) 定期使用芽孢杆菌制剂　从放苗前营造良好水环境开始第一次施用芽孢杆菌，养殖过程中每隔7～15天施用1次芽孢杆菌，可以起到促进有益浮游微藻稳定繁殖生长、削减富营养化、抑制有害菌和降低饲料系数的作用。

(2) 不定期使用光合细菌　在水体出现浮游微藻繁殖过量、氨氮过高、水质恶化和阴雨天气的情况下，使用光合细菌。

(3) 不定期使用乳酸杆菌　当出现水质老化、溶解有机物多、亚硝酸盐高、pH过高等情况时，施用乳酸杆菌。

（4）不定期使用加肥型有益菌菌剂　养殖前期水体清瘦或养殖中、后期出现浮游微藻老化的情况时，使用加肥型有益菌菌剂，如加肥乳酸杆菌或加肥光合细菌。

3. 培养优良浮游微藻　冬棚内空气流通少，常规增氧机使用时增氧效率低于露天养殖，水体溶氧主要来源于浮游微藻的光合作用。因此，培养优良的浮游微藻并保持其平稳，是冬棚养殖水质管理的关键环节。具体可采取以下措施：

（1）添加优良藻种　浮游微藻正常繁殖生长的前提是，水体中有一定浓度的藻种。如果水体中浮游微藻的数量较少，可从藻种丰富的水源引入部分新水。有条件的养殖场可从池水中分离优良藻种，然后分级扩大培养后直接添入池塘中，以达到定向培育优良浮游微藻的作用。

（2）添加水体营养　低温条件下池塘中有机物分解速度慢，需要经常添加配方合理的藻类营养素，以保持水体营养的合适浓度。在浮游微藻繁殖不良时，添加营养素可促进其繁殖；当恶劣天气（如降温）来临时，添加藻类营养素有利于维持池水中优良的藻相。常见营养素种类及使用方法如表4-11所示。

表4-11　常见微藻营养素的种类及使用方法

种类	特　点	使用方法
有机肥	①起效慢，需经分解型微生物分解后方能为微藻吸收 ②肥效维持时间长，适合于底质干净的池塘使用	与芽孢杆菌、乳酸菌一起浸泡后取汁泼洒入池中
无机肥	①起效快，能直接为微藻吸收 ②肥效维持时间短，适合于养殖中、后期底质有机物含量多时使用	与芽孢杆菌共同使用，直接溶水后泼洒
氨基酸肥	起效时间和效果维持时间居于有机肥和无机肥之间	直接泼洒，低温天气与光照不强时也可使用

（3）消除微藻生长限制因子　当浮游微藻无法正常培养时，可使用具有络合作用的有机酸或有机盐，消除水体中可能存在的金属离子或残留的药物。少数情况下，由于水体存在一定浓度的溶藻弧菌而导致微藻无法生长时，可使用

消毒剂进行杀灭，但必须注意消毒对对虾可能造成的影响。

（七）日常管理

1. 应激防控 对虾处于应激状态下其非特异性免疫力下降，对病原的易感程度增加。冬棚养殖过程引起对虾应激的因素较多，相应的应激防控需及时进行。表 4－12 为常见几种情况下的应激防控措施。

表 4－12 常见几种应激状况及防控措施

引起对虾应激的原因	处理措施
放苗后拉盖薄膜	①拉盖速度尽量减慢 ②拉盖之前水体施用光合细菌，防止水质剧变 ③拌料投喂免疫增强剂，提高对虾抵抗力
浮游微藻大规模死亡	①使用有增氧作用的底质改良剂，增加溶解氧，改良底质 ②泼洒有络合作用的有机酸或有机盐，缓解对虾应激 ③减少饲料投喂量，并拌料投喂免疫增强剂 ④使用微藻营养素和微生物制剂，重新培养微藻
水温下降	①泼洒维生素 C 和葡萄糖 ②拌料投喂免疫增强剂
对虾蜕壳	①减少饲料投喂量 ②泼洒维生素 C 和葡萄糖，低盐度淡化养殖要泼洒离子钙制剂
施用消毒或杀藻药物	①泼洒有络合作用的有机酸或有机盐，络合残留药物 ②拌料投喂免疫增强剂 ③泼洒维生素 C 和葡萄糖

2. 底质维护 养殖中、后期池塘底质变差，维护措施主要有以下三个方面：

（1）使用过碳酸钙或过氧化钙，提高池底溶解氧含量，同时提高池底 pH。

（2）使用芽孢杆菌，分解池底的有机物质。

（3）使用沸石粉等有吸附作用的底质改良剂，降低池底有毒物质的含量。

3. 增氧机的使用 增氧机的使用遵循以下原则：养殖前期少开，后期多开；中午前后、下半夜开启，投喂饲料时不开；阴雨天气、水质时多开；有底部增氧的多开。

4. 水质指标检测 检测水质理化指标如表 4－13 所示，发现异常时采取相应的处理措施。

表 4-13　常见理化指标的异常情况及处理措施

常见理化指标	检测时机或频率	异常情况及处理措施
pH	尽可能每天早晚各检测 1 次，数据变化可作为判断微藻繁殖情况的参考	①养殖前期过高（>9.0）：泼洒乳酸菌 ②养殖中、后期偏低（<8.0）：重点解决底质酸化、微藻繁殖异常的问题
氨氮	放苗前检测，如果检测不出可等到养殖过程中水质变化较大时才检测	①前期水体氨氮偏高：培养浮游微藻和使用光合细菌 ②养殖中后期氨氮偏高：调控微藻生长和使用光合细菌
亚硝酸盐	放苗前检测，养殖中、后期经常检测	①前期水体亚硝酸偏高：培养浮游微藻 ②养殖中、后期亚硝酸偏高：调控微藻生长，改良底质，使用反硝化细菌

5. 巡塘　每天巡塘 2～3 次，观察对虾活动、生长情况，观测水质变化，检查增氧机、温棚、闸门的硬件设施是否出现故障。

6. 添、换水　原则上少换水或不换水，根据需要适量添水。添水工作一般在晴天上午或中午进行，尽量在藻相好、水温高的条件下进行。

（八）病害防控

病害防控是对虾成功的关键。防控工作的重点是，使用优质虾苗和创造良好的养殖环境，并保证营养需求，增强免疫力和避免应激反应。简单来说，做好如表 4-14 所示的各个环节，以达到减少疾病的发生。

表 4-14　病害防控的重点环节和具体措施

重点环节	具体措施
池塘条件达标	彻底清淤和消毒
选用优质苗种	购买不携带特异病毒的优质虾苗，有条件的可向有关部门送检
保持好的水质环境	使用微生物制剂分解转化代谢产物，调控有益微藻正常生长
增强虾体免疫力	内服免疫增强剂，泼洒维生素 C
减小环境压力	消除水体中对虾构成胁迫的物质
抑制、杀灭致病菌或条件致病菌	泼洒有益菌制剂；内服抗菌药物，防治细菌感染

（九）收获

待对虾达到一定规格、市场行情好的时候可捕虾上市。捕虾有多种方式，以拉网捕虾和笼网捕虾为常见。捕虾的前后要特别注意两点：一是淡化养殖池塘在捕虾前施用离子钙制剂，可以提高对虾的成活率；二是采用拉网的方式捕虾后，要及时进行水质和底质的处理。

三、养殖实例

（一）福清冬棚养殖

福建福清渔溪某养殖户，土池搭盖冬棚进行养殖（图 4－33），池塘面积 5.5 亩。2008 年 8 月中旬开始准备，9 月中旬放苗，至 2009 年 5 月初售完对虾清池。冬棚养殖过程的具体情况为：2008 年 8 月中旬，进行整池与池塘消毒工作，在池塘中围建暂养池，完成后开始搭建冬棚。支架结构搭建完毕后进水，9 月上旬将薄膜盖上，在暂养池中调节盐度，并施放芽孢杆菌和有机无机营养素“做水”。形成优良水色后，检测水质指标和测试虾苗，9 月 18 日将虾苗放养在暂养池中进行标粗培养。所放虾苗为某厂家二代虾苗，放苗 66 万尾。

图 4－33 福清越冬养殖池塘照片

在暂养池中投喂虾片和饲料，养殖 30 天后将暂养池打开缺口，让对虾漫游分布到整个池塘进行养成。养殖前期投喂 3 次，对虾长至 5～6 厘米后改喂 4 次。养殖过程中每 10 天施用芽孢杆菌，每 12 天施用光合细菌，多次施用氨基酸和无机营养素；养殖后期出现池水混浊时，多次使用颗粒增氧剂和增氧型底质改良剂；对虾蜕壳阶段和亚硝酸盐升高时使用离子钙制剂，亚硝酸盐升高时也使用反硝化细菌。

养殖至2009年3月开始售虾，采用笼网捕虾，陆续销售至2010年5月下旬。商品对虾规格为55～100尾/千克不等，平均售价为38元/千克，亩产可达1 000千克。饲料系数为1.3。据统计，每亩的成本和收益情况如表4-15所示，经过8个多月的养殖，该养殖户每亩的净盈利达21 580元。

表4-15　该池每亩的成本和收益情况

项　目	投入							产出
	冬棚	虾苗	饲料	电费	投入品	塘租	合计	售虾
金额（元）	3 000	1 620	7 200	2 200	1 800	600	16 420	38 000

福清地区由于气温偏低，温棚养殖的前期投入大、周期长、管理要求高，但商品对虾价格好、产量也较高，在条件具备的情况下可获得较好的效益。

（二）汕尾冬棚养殖

广东汕尾红海湾某高位池养殖场（图4-34），池塘面积50亩，2009年初进行冬棚养殖。具体养殖情况介绍如下：

图4-34　汕尾越冬养殖池塘照片

1月上旬进行洗池，然后全池干洒生石灰，2天后进水，进水后使用碘制剂进行水体消毒。3天后，使用芽孢杆菌和有机无机复合营养素进行肥水。1月18日20多亩标粗池投放虾苗，放苗密度为35万～50万尾/亩不等。标粗养殖20多天后向其他池塘分苗，使虾苗密度达17万～20万尾/亩。

养殖过程中，每5天使用芽孢杆菌和乳酸杆菌、光合细菌等有益微生物制剂，视浮游微藻生长情况施用藻类营养素，根据实际情况使用增氧剂、有机酸等环境调节剂。养殖中、后期进行适量的换水，水质变浓后进行底部排污。

养殖全程每天投喂4次，定期在饲料中添加免疫增强剂。

5月初开始陆续捕虾上市，至端午节前全部捕完。商品虾规格为56～70尾/千克，平均亩产2 300千克，平均售价30元/千克，饲料系数1.4。据统计，其投入产出情况如表4－16所示，经过5个多月的养殖，盈利140多万元，效益显著。

表4-16 投入产出情况

项目	投入							产出
	虾菌	饲料	投入品	电费	人工	硬件	合计	售虾
金额（万元）	26	110	1.2	25	13	25	200.2	345

高位池温棚养殖的产值高，效益好，但其投入高，管理复杂，相对风险更大，并非普通养殖者可以从事。

第三节 河口区池塘南美白对虾与鱼类混合养殖模式

近年来，南美白对虾养殖持续低迷，发病率居高不下，发病时间越来越提前，养殖风险高。河口区域的养殖户，不断尝试采用南美白对虾混养搭配各种不同的鱼类的混合养殖模式进行养殖，以提高养殖成功率。实践证明，采用虾鱼混合养殖模式的成功率，明显高于单养南美白对虾的模式。

一、养殖模式特点

（1）池塘的面积5～15亩，水深1～1.5米，设有进、排水闸门，但多数地方进、排水无序，水源交叉感染严重。

（2）河口池塘的底质主要为泥底或沙泥底，大多数是经过多年养殖的池塘，底质老化。水源富营养程度严重，养殖过程常见出现水色过浓、蓝藻暴发、亚硝酸盐过高等问题。

（3）水源的盐度低于 6，可选择与南美白对虾混合养殖的鱼类较多，如罗非鱼、胡子鲇、斑点叉尾鮰、河豚、鲫和四大家鱼等。

（4）该模式养殖管理技术要求比较简单。通过杂食性鱼类摄食病死虾，控制虾病传播；滤食性鱼类摄食藻类和有机碎屑，净化水质。充分利用水体空间，降低养殖风险，确保稳定的经济效益。

二、河口区池塘南美白对虾与鱼类复合养殖模式

（一）南美白对虾与胡子鲇、草鱼等混合养殖模式

胡子鲇广泛分布在淡水区域，生活在底层，是一种以动物性饵料为主的杂食性鱼类。以吞食为主，捕食的对象多为小型鱼类、虾类和水生昆虫，能够在盐度 6 以下的水体中生长。草鱼属于中上层杂食性鱼类，主要在池塘中上层水域活动，能够在盐度 8 以下的水体中生长。在养殖南美白对虾的池塘中搭配适量的胡子鲇、草鱼和鲢，利用胡子鲇和草鱼捕食病虾和死虾，及时切断虾病的传播，从而减少对虾的发病率；胡子鲇、草鱼和鲢能够摄食池塘中的有机碎屑、残饵、粪便和藻类等，净化水质，起到虾池“清道夫”的功效。近几年，在华南地区采用南美白对虾与胡子鲇、草鱼和鲢混合养殖模式的成功率，明显高于单养对虾的养殖模式，取得较稳定的经济效益，得到广泛的应用。

1. 养殖时间　一般每年的 4 月中旬进行清池、晒塘；5 月，水温 20℃以上，开始投放虾苗和鱼苗，养殖周期约 6 个月。南美白对虾养至上市规格即可捕捞出售，轮养轮补，鱼待清池时一次性捕获销售。

2. 池塘类型、池塘面积等　每口池塘面积 5～10 亩为宜，盐度在 6 以下，池底平整，水深 1.5～1.8 米，排灌方便，水源充足，交通方便。进水口用 80 目筛绢过滤，防止野杂鱼进入。一般每 2～3 亩设置 1 台功率 1.5 千瓦的增氧机。

3. 养殖品种、放苗时间、放苗密度　养殖品种为南美白对虾为主，搭配适量的胡子鲇、草鱼、鲢。4 月底或 5 月初，水温 20℃以上，开始投放虾苗，虾苗规格 1 厘米以上，密度为 5 万～8 万尾/亩。投放虾苗 15 天后，陆续放入鱼苗：胡子鲶，规格 150 克/尾左右，每亩放 20～30 尾；草鱼，规格 250 克/尾左右，每亩放 5～10 尾；鲢，规格 250 克/尾左右，每亩放 30～40 尾。养殖

至30天以后，如果对虾发生病害，再投放适量规格250克/尾以上的胡子鲇，以控制虾病的蔓延，确保对虾的成功率。采用该模式进行养殖时，应根据养殖池塘的面积，计算好投放的鱼苗数量，提早购买鱼苗。

4. 养殖管理操作

（1）晒塘、清塘　上一茬养殖结束后即排干池水并进行清塘工作，池底底泥曝晒至干裂。放苗前，必须彻底清除池塘内一切对虾苗和鱼苗不利的生物，包括致病性生物、竞争性生物、捕食性生物以及水草、青苔等。在放苗前15天左右，先进水10～20厘米，每亩用生石灰100～150千克兑水化浆后全池泼洒。泡池5天后，每亩用茶麸25千克，带水清塘，4～5天后把塘里的动物尸体、池水排走。

（2）进水、消毒　进水需用双层筛绢网袋过滤，里层为80目、外层200目，长度5米左右，防止野杂鱼及病害生物随水源进入塘内。一次性将池水进够，用漂白粉或二溴海因或二氧化氯进行水体消毒。

（3）培水　新池塘或池底干净的池塘，每亩使用发酵鸡粪10～15千克，配合芽孢杆菌进行肥水；老池塘或池底有机质较多的池塘，每亩使用液态的有机无机复合肥2～3千克，配合芽孢杆菌，每亩使用1千克。选择天气稳定、有阳光的上午，进行肥水。正常3～4天后，水色呈黄绿色、浅褐色，透明度50～60厘米，即可放苗。放苗时间不宜太迟，以免水色变清或浮游动物过多，影响虾苗的成活率。

（4）饲料投喂　采用该模式养殖，只投喂南美白对虾配合饲料，不用另外投喂鱼料。前期将虾苗放入池中搭建围隔，投喂适量的虾片，7～10天后放入池塘中。养殖前期，如果池水中浮游动物较多，可适当少投喂或不投喂。投入鱼苗后，按照投喂对虾的习惯进行，一般每天投喂3～4次。在池中设置饵料观察台，观察对虾吃料的情况，饲料控制在1个小时内吃完，避免投料过多，污染水质。阴雨天气、暴雨、低压天气和水质变化较大时，应该减少饲料的投喂量或停喂。

在养殖过程中，适时的拌料添加乳酸菌、消化酶、中草药等添加剂，能调节肠道微生态，促进消化，增强对虾的免疫力。

（5）养殖管理　养殖过程中7～10天使用1次芽孢杆菌，及时降解池塘中的有机物。养殖前期适当光合细菌，保持稳定水质，为虾苗和鱼苗提供生物饵料。养殖前期，管理的关键是控制水色稳定，避免水色出现时浓时清。如果浮游动物过多，会造成水色变清，可以通过停料1～2天，再使用水产养殖专用肥进行追肥；如果天气不稳定，引起藻类死亡，应使用底质改良剂，再用水产养殖专用肥进行培水。

中、后期水位要保持在1.5米以上，要经常检测水质因子，pH要稳定在7.0～8.3，氨氮、亚盐要抑制在0.3毫升/升以下，溶解氧保持在4毫升/升以上。随着投饵量的增加，大量的残饵、排泄物、死藻等在池塘中积累，底部污染严重。使用过氧化钙、二溴海因、沸石粉等改良底质；出现水色偏浓、水体表面泡沫多，使用芽孢杆菌配合乳酸菌进行调控。

合理使用增氧机，促进池水流动（环流，水层交换）；增加水体表面和空气的接触，增加氧气溶入；增加藻类进行光合作用的表面积，提高光合作用速率，增加氧气生成。养殖前期少开，中期多开，后期常开；气压低的天气、阴天、暴雨时，应多开；下半夜、晴天的午后，尽量多开；使用有益菌后，应多开；对虾集中蜕壳时，要多开；投喂饲料时，应停开。下大暴雨时，表层覆盖大量雨水时，容易出现缺氧，应及时排掉表层雨水，开动增氧机，加强上下层的水体交换；如果pH降低，使用适量石灰水进行调节。

如果对虾发现病害，应停止投喂饲料，通过鱼类摄食病虾，控制虾病蔓延；若对虾发病严重，可以再投放适量规格250克/尾以上的胡子鲇，确保对虾的成功率。

（6）收获　南美白对虾分多次捕捞，一般养殖60天后，若南美白对虾售价较好时，采用地笼捕捞的方式，捕大留小，回收部分资金。鱼类养殖结束后一次性收获。

（二）南美白对虾与罗非鱼、鲢、鳙等混合养殖模式

罗非鱼食性广泛，大多为植物性为主的杂食性，甚贪食，摄食量大，生长迅速；生长温度16～38℃，适温22～35℃，是一种广盐性鱼类，海淡水中皆可生存；耐低氧，一般栖息于水的下层。

鲢和鳙在我国各地区均有分布，是我国淡水鱼中分布最广泛的，主要生活在水中的表层，属于典型的滤食性鱼类。以滤食浮游动植物为主，兼食有机碎屑，也喜欢摄食一些腐烂食物和残饵等，适宜在肥水中生长，起净化水质的作用。

在养殖南美白对虾的池塘中搭配适量的罗非鱼、鳙和鲢，利用罗非鱼摄食病虾和死虾，及时切断虾病的传播，从而减少对虾的发病率；鳙和鲢能够摄食池塘中的有机碎屑、残饵、粪便和藻类等，净化水质。近几年，在广东的粤

东、珠三角地区采用南美白对虾与罗非鱼、鳙和鲢混合养殖模式进行养殖，取得较稳定的经济效益。

1. 养殖时间 一般每年的3月，排干池水，进行清池、晒塘；4、5月，气温回升，水温在20℃以上，开始培水、投苗较为合适，养殖周期6～7个月。南美白对虾养至上市规格即可捕捞出售，轮养轮补，鱼待清池时一次性捕获销售。

2. 池塘类型、池塘面积等 每口池塘面积5～15亩，水深1～1.8米，年平均盐度不超过4，排灌方便，水源充足，水质清新。进水口用80目筛绢过滤，防止野杂鱼进入。池底平整，池塘埋下岸坡度为1∶2.5，一般每2～3亩设置1台功率1.5千瓦的增氧机。

3. 养殖品种、放苗时间、放苗密度 养殖品种为南美白对虾为主，搭配适量的罗非鱼、鳙、鲢，以确保对虾的产量。4月底或5月初，水温20℃以上，开始投放虾苗，虾苗规格1厘米以上，密度为4万～6万尾/亩。投放虾苗15天后，陆续放入鱼苗：罗非鱼，规格100克左右，每亩放200～300尾；鳙和鲢，规格150克左右，每亩各放30尾。采用该模式进行养殖时，应根据养殖池塘的面积，计算好投放的鱼苗数量，提早购买鱼苗。

放苗时的注意事项：

(1) 放养虾苗时，供苗培育场在出苗前需将水质理化指标调节至与养殖池塘水质相一致，放苗时温差不能超过3℃、盐度差不能超过3、pH差不能超过0.5。

(2) 经长途运输到达池塘的鱼苗或虾苗，要将运苗袋放进池塘水体中漂浮20分钟左右，待运苗袋内外水温基本一致时才解开袋口，并逐渐加入池水，待10秒钟后才慢慢将苗种倒入池塘中。

(3) 放苗地点要位于池塘上风头的深水处。

4. 养殖管理操作

(1) 清淤整池 清污的目的是杀灭池塘内的敌害生物（包括野杂鱼、虾、蟹、螺以及病原微生物），改良底质，保证苗种入池后的正常生长。方法是在冬闲时将池塘内的池水排干或抽干，封闸晒底，维修堤坝和闸门。若池底沉积物较少，可采用曝晒、翻耕等方法促进淤泥中的有机物氧化、降解；长期连作养殖的老化池塘，大量残饵及代谢物沉积池底，应清除过多的淤泥，再翻耕、曝晒。

(2) 消毒除害 放养前，一定要彻底清除池塘内一切对鱼苗、虾苗不利的生物。在放苗前15天左右，池塘先进水10～20厘米，用生石灰（100千克/亩）兑水化浆后全池均匀泼洒，5天后再用茶麸（25千克/亩）全池均匀泼洒，以杀灭野杂鱼。使用茶麸隔天，池塘开始进水，进水前一定要先检查过滤网布有无破裂，进水至水深80厘米左右即可。

（3）水体消毒　进水后，最好再用漂白粉（5～7.5千克/亩）或二溴海因（0.25千克/亩）对水体进行1次消毒。早春放苗（3月初至4月初）时尤其必要。

（4）培水　水体消毒3天后，施用肥料和有益菌培养基础饵料生物操作。具体措施如下：

①按每亩水面1米水深计算，首次施肥可使用尿素3千克、磷肥0.5千克，每隔2～3天施用尿素0.3千克、复合肥0.3千克、碳酸钙0.5千克进行追肥，直到池水透明度为25厘米左右时停止，以水色呈豆绿色或黄褐色为佳。施肥时间为晴天的中午，阴雨天不施肥。施肥方法是，将肥料用水溶解后均匀泼洒在水面。

②肥水也可以用见效比较快的生物肥水素，用法与用量按使用说明操作。

③放苗前2天施用光合细菌、芽孢杆菌、乳酸杆菌等有益微生物制剂，以保持水体微生态环境的平衡。

肥水得当的池塘，鱼苗、虾苗入塘后可以在1周内不用投喂饲料。

5. 饲料投喂　对虾与罗非鱼混养时，投喂饲料时要先投喂罗非鱼饲料，罗非鱼摄食完后再投喂对虾饲料，以免罗非鱼饥饿抢食对虾饲料。

（1）罗非鱼饲料投喂　根据罗非鱼生长情况，选择不同规格的颗粒饲料，每天投喂2～3次。投喂地点以塘边浅水带为好，日投喂量应根据天气、水质、鱼苗摄食情况而调节。

为了提高饲料的利用率，减少浪费，投喂饲料应做到“四定”，即定时、定位、定质和定量。体重100～400克阶段，每天投喂3次，每次1小时内吃完；体重400克以上，每天投喂2次，每次1.5小时内吃完，每次投喂饲料不得有剩余。

（2）南美白对虾饲料投喂　虾苗放入池塘后，如果池水透明度低（浮游生物丰富），则前几天可少投饲料或不投饲料；如果水质不肥（透明度超过35厘米），则于虾苗入池后第2天开始投喂饲料。前5天每10万尾虾苗投喂虾片5～10克和0#饲料30～50克；5天后直接投喂0#饲料，投喂量每天递增20%。投喂量主要确定于池塘存塘量，其次根据对虾体质状况、对虾不同生长阶段、饵料质量高低、天气情况、水质状况及管理方式来确定。虾苗体长小于3厘米，投喂时间主要在清晨和夜晚，白天少投；当虾苗体长为3厘米，日投喂3次，时间为7：00、18：00：23：00；养殖中、后期日投喂4次，时间为7：00、12：00、18：00、23：00。

对虾放养时间在1个月内以投喂后1.5小时吃完为准，1个月后以1小时左右吃完为准，可通过设置饲料台和长杆抄网来检查摄食情况。

投喂饲料的一般原则是：①勤投少投；②早晚多投、白天少投；③投饵1.5小时后空胃大于30%时多投；④水温低于18℃或高于33℃少投；⑤四周多投，中间少投；⑥水质良好多投，水质变坏少投；⑦风和日暖多投，阴雨大风少投或不投；⑧对虾蜕皮时少投。

6. 水质调控 虾苗入池后根据虾的生长及水质状况，逐渐加深水位至1.8米，而后根据水质情况不定期少量换水，以营造良好水体藻相，保持适宜透明度，增加水中溶解氧含量，促进鱼虾生长。每次加水或换水量最多不超过池塘总水量的10%，但注意始终保持池水的盐度在0.5以上。经常检测池水的溶解氧、透明度、pH、氨氮、亚硝酸盐和硫化氢等状况，及时采取各种措施，使池水透明度稳定在25～35厘米、pH稳定在7.7～8.52、氨氮含量小于0.5毫克/升。具体做法是：

（1）每7～10天，施用芽孢杆菌或乳酸杆菌、光合细菌等有益菌。

（2）透明度低于25厘米时及时换入清水。

（3）pH低于7.7时及时施用生石灰，pH高于8.8时施用降碱物质或滑石粉（1.52.5毫克/升）。

（4）每10～15天，定期施用沸石粉（15～30毫克/升）。

（5）放苗后，养殖中期，通常在下半夜至凌晨开机3～5小时和中午开机2小时；养殖后期，中午开机2～3小时和夜晚开机10小时左右。出现天气突变和水体过肥、鱼虾过多等原因引起浮头时，应灵活掌握开机时间，特殊情况下随时开机。

7. 日常管理 坚持早、中、晚巡塘，气候不良时夜间应多次巡塘，及时开启增氧机，定期检测池水水质，调控水质。每天注意观测对虾、罗非鱼的摄食、活动状况，及时调整投饵量及注意疾病防治工作，定期检测虾、鱼的生长状况。

对虾蜕壳一般都在上半夜，当对虾大量蜕壳时，应尽早及时加强增氧措施并减少投饲量。

建立并记录好养殖日志，为分析养殖效果、监控鱼虾安全质量、总结生产经验等提供数据或依据，有效地促进养殖技术水平的提高和保证水产品的质量安全。

8. 病害防治　养殖过程视情况，每隔半个月至1个月进行水体消毒1次。通常，可以选择使用生石灰、漂白粉、二溴海因、二氧化氯等消毒剂。用量分别为：生石灰15千克/亩，漂白粉1毫克/升，二溴海因0.2毫克/升，二氧化氯0.3毫克/升。适当换水，定期施用微生物制剂，改善水质和底质，科学增氧。如果发现有鱼虾发病现象，可使用维生素C、大蒜素、穿心莲和甘草等拌饲料投喂。

9. 收获　南美白对虾经90天左右的养殖达到商品规格时（60～100尾/千克）即开始收获，可采用笼网的方法收捕，每天下午放笼网，第二天早晨收获。

罗非鱼经120～150天的养殖达到商品规格，采用拉网收捕，最后干塘捕捉。

（三）南美白对虾与河豚（暗纹东方鲀）混合养殖模式

河豚为洄游性鱼类，栖息于水域的中下层，以摄食水生无脊椎动物为主，兼食自游生物及植物叶片和丝状藻等，是偏肉食性的杂食性鱼类。幼鱼主要以轮虫、枝角类、桡足类、寡毛类、端足类及多毛类等浮游动物和小鱼苗为食；成鱼的动物性食物包括鱼、虾、螺、蚌、昆虫幼虫、枝角类和桡足类等；植物性食物包括高等植物的叶片、丝状藻类等。在人工饲养条件下，经过合理的驯食，可以很好地摄食人工配合饲料。河豚生长最适温度为22～28℃，16℃以下摄食量减少，11℃停食，7℃以下死亡，所以要求饲养水温在18℃以上。广东地区气温高，2～3月放苗，当年可达250～400克的上市规格；5～6月放苗，翌年5月才能达上市规格。

目前，国内南方地区河豚养殖以淡水暗纹东方鲀为主，南美白对虾与河豚混养，充分利用了河豚的食性。当虾出现病害时，河豚能尽早地将这部分虾吃掉，从而减少传染的概率，起到很大程度的辅助作用，提高养殖成功率。

近几年，在广东中山、江门等地区的养殖户采用南美白对虾与暗纹东方鲀混合养殖模式，养殖成功率达到70%以上，明显高于单养南美白对虾。同时，河豚味道鲜美深受人们喜爱，售价比较高，经济效益十分可观。

1. 养殖时间　露天池塘，一般在4月底，气温回升，水温20℃以上，开始放苗，养殖至11月收获，养殖周期7～8个月。搭建越冬棚的池塘，清明前可以开始投苗，养殖年底，养殖周期10～11个月。由于近几年，大规格的河豚价格较高，珠三角地区大多搭建越冬棚，延长养殖时间，当年收获规格达到每尾350克以上的河豚。具体根据当地池塘实际情况而制定养殖生产计划。

2. 池塘类型、池塘面积等 河豚对池塘的底质要求十分严格，底部清洁干净，pH稳定不反酸，淤泥厚度不超过3厘米。池塘面积5～10亩，水深1.3～1.5米，池底平整，水源清新，地下水带有一定盐度（5）。平均每2～3亩配套1台1.5千瓦四叶增氧机。

3. 养殖品种、放苗时间、放苗密度 露天池塘，一般在4月底，气温回升，水温20℃以上，开始放苗。虾苗规格0.8～1厘米，密度为5万～6万尾/亩，投放虾苗20天左右，再投放鱼苗。河豚鱼苗规格每尾50克左右，每亩放500～600尾。由于大规格的河豚食性比较凶猛，放养时一定要控制好鱼苗的搭配比例。如果投放大规格的河豚鱼苗（50克左右），应适当减少投放鱼苗的数量，以免河豚追食虾苗，影响虾苗成活率。

搭建越冬棚的池塘，水温保持不低于20℃，2月可以开始投苗。虾苗规格0.8～1厘米，密度为3万～4万尾/亩，投放虾苗20天左右，再投放鱼苗。鱼苗规格每尾5克左右，每亩放1 000～1 200尾。养殖至4个月后，南美白对虾达到25尾/千克，采用地笼陆续捕获部分大规格的虾出售，再投放第二批虾苗。第二批虾苗规格0.8～1厘米，密度为3万～5万尾/亩（具体根据池塘中对虾的存塘量进行调整）。投苗时，在池塘中搭建围隔进行标粗15天左右，待虾苗长至3厘米以上，才放入池塘中。

4. 养殖管理操作

（1）晒塘、清塘 在冬季或干旱季节，将塘底淤泥用推土机推上基面或冲洗出塘，曝晒塘底2～3天至龟裂，清除塘底的腐殖质、氨氮、硫化氢以及亚硝酸，杀灭致病菌和敌害生物。然后，用80目滤网向池塘灌入新水达到30厘米深度，每亩用漂白粉15千克或生石灰75千克杀菌消毒。

（2）进水、消毒 进水需用双层筛绢网袋过滤，里层为80目、外层200目，长度5米左右。防止野杂鱼及病害生物随水源进入塘内。一次性将池水进至1米，抽地下水或添加适量的海水将池水盐度调至2～3，开足增氧机，充分进行曝气，用漂白粉或二溴海因或二氧化氯进行水体消毒。

（3）培水 河豚鱼苗期会摄食大量藻类，必须培好一定浓度的水色才能够放苗。每亩使用麸皮或黄粉2～3千克，配合芽孢杆菌一起浸泡后泼洒，为了快速培养藻类，每亩使用硝氮肥 1～2 千克，磷肥 0.5 千克。选择天气稳定、有阳光的上午，进行肥水。正常 3～4 天后，水色呈黄绿色、浅褐色，透明度 50～60 厘米，即可放苗。放苗后，应及时进行追肥，保持水色稳定。

（4）饲料投喂　南美白对虾与河豚混养时，为了保证河豚生长速度，先投喂鱼饲料，再投喂对虾饲料，以免河豚饥饿抢食对虾饲料。每天投喂 2 次，7：00左右、15：00 左右各投喂 1 次，以 2 个小时之内吃完为宜。喂完河豚后马上喂虾料，每天 3 次，中午单独喂虾。

①河豚料投喂：河豚养殖池要设置投喂台，每亩设投饵挂台约 4 个，将河豚料、水、鱼油依次按 1：（1～1.2）：0.02 的重量比混合。制作料团时先将河豚料投入搅拌机的料槽内，再将水和鱼油混合后倒入搅拌机的料槽与河豚料混合，开机约 15 分钟把河豚料充分搅拌均匀，然后将料团放在投饵挂台上饲喂。每天的投饵量为鱼体重的 3%～10%，最高不超过 15%，以 2 小时内将饵料吃完为宜。每天投喂 2 次，一般 7：00、15：00 各投料 1 次，按定点、定时、定质、定量的“四定”原则进行。6 月后，水温升高河豚摄食会有所减慢，进入生长缓慢阶段。随天气变化，摄食出现波动，闷热天气摄食会明显变慢，需根据河豚吃料情况灵活掌握，严防出现剩料现象，污染水质，造成浪费。

②南美白对虾投喂：对虾每天投喂 3 次，早、晚两次投喂时间控制在投完河豚饲料后，中午单独投喂对虾饲料。对虾放养时间在 1 个月内以投喂后 1.5 小时吃完为准，1 个月后以 1 小时左右吃完为准，可通过设置饲料台和长杆抄网来检查摄食情况。养殖前期，如果池水中浮游动物较多，可适当少投喂；阴雨天气、暴雨、低压天气、水质变化较大时，应该减少饲料的投喂量或停喂。在养殖过程中，适时的拌料添加乳酸菌、消化酶和中草药等添加剂，能调节肠道微生态，促进消化，增强对虾的免疫力。

（5）水质调控　河豚对水质要求比较高，水透明度增大时，河豚吃料会明显减慢，影响生长。养殖过程中 7～10 天使用 1 次芽孢杆菌，及时降解池塘中的有机物。养殖前期适当光合细菌，保持稳定水质，为虾苗和鱼苗提供生物饵料。养殖前期，管理的关键是控制水色稳定，避免水色出现时浓时清。如果天气不稳定，引起藻类死亡，应使用底质改良剂，再及时使用水产养殖专用肥进行培水。

中、后期水位要保持在 1.5 米以上，要经常检测水质因子，pH 要稳定在 7.0～8.3，氨氮、亚盐要抑制在 0.3 毫克/升以下，溶解氧保持在 4 毫克/升以上。温度升高后，虾进入生长旺季，摄食增多，随着投饵量的增加，大量的残饵、排泄物、死藻等在池塘中积累，底部污染严重。使用过氧化钙、二溴海因、沸石粉等改良底质；出现水色偏浓、水体表面泡沫多，使用芽孢杆菌配合乳酸菌进行调控。

河豚摄食的饲料蛋白高，养殖后期极易出现蓝藻，处理时要谨慎，不能盲目杀藻，否则极易出现缺氧，有时整塘鱼全军覆没。定期使用芽孢杆菌和光合细菌，能够有效控制蓝藻暴发。

养殖中、后期，要特别注意溶解氧，加强增氧，多开增氧机，提高池水的溶解氧，预防鱼虾缺氧。

5. 病害防治 寄生虫主要有异沟虫、指环虫、纤毛虫等，当感染寄生虫后，部分河豚在水面游动，对人为惊吓不敏感，吃料会明显减少。应及时使用杀虫剂杀虫，使用杀虫剂前，先泼洒葡萄糖和维生素C，预防鱼虾出现应激。定期使用芽孢杆菌和EM菌，保持良好水质，能够有效预防发生寄生虫病。使用贯众、大黄、苦参、山楂等，按投料量2%内服，能达到很好的驱虫效果。

气温升高、水质老化时，河豚会出现烂鳃、肠炎等，使用聚维酮碘进行水体泼洒，再内服恩诺沙星和中草药进行及时治疗。

当对虾发生偷死时，通过停止投喂1～2天饲料，利用河豚摄食发病的对虾，有效控制虾病的传播。

6. 收获 常用的几种收获方法为：

(1) 先用疏网将河豚刮起，放入网箱中暂养，紧接着刮虾，此种方法一般适用于塘少的养殖户。

(2) 采用地笼的方法捕虾，此种方法对水质及河豚影响均比较小。如果配有1口小塘专门培育虾苗，当大塘的大虾卖大部分后，将在小塘中暂养的虾苗(3厘米以上)过至大塘，再补放1次虾苗。

(3) 两个塘错开时间投放虾苗，在1口池塘的虾养殖进入后期，另1口池塘开始放虾苗。养殖20天后，将河豚过塘放入。此种方法适用于塘比较多的养殖户，具有可操作性强，经常过塘利于河豚的生长，为大多数养殖户采纳。

第四节　河口区池塘南美白对虾与罗氏沼虾混合养殖模式

近些年，由于单养南美白对虾的成功率低、难度大，在江苏、浙江、广东等地区，有不少养殖户采用南美白对虾套养罗氏沼虾的养殖模式，取得良好的效益。据了解，广东珠三角地区采用该模式养殖成功率达到80%，明显高于周边单一养殖南美白对虾的池塘，具有广阔的推广前景。

一、养殖模式特点

(1) 罗氏沼虾是一种生长速度快、食谱广、营养丰富的经济虾类。其适温范围是18～32℃，最适水温为23～30℃，适合在淡水或半咸水中生长。罗氏沼虾生活习性与南美白对虾相似，在南美白对虾养殖池塘中能够正常生长。目前，罗氏沼虾的市场需要量大，大规格的商品虾供不应求，且售价较高，大大提高养殖的经济效益。

(2) 罗氏沼虾为杂食性甲壳动物，只要适口，动、植物性饲料都可以摄食。其既能吃南美白对虾的残饵、有机碎屑，也能吃掉塘里迟钝的弱（死）虾体，在池塘中起“清道夫”的作用，有助于池底的清洁，净化水质，有效控制南美白对虾的发病率。

(3) 两种对虾混合养殖模式利用各自的特点，形成共生互补的关系，构建稳定的生态系统，充分利用水体空间，提高饲料利用率，降低养殖风险。

二、养殖时间

一般每年4月底至5月中旬，气温较稳定时，开始培水、放苗。养殖至10月底结束，养殖周期约6个月。在华南地区，有条件搭建越冬棚，棚内水温能保持20℃以上的，全年均可养殖，注意选择在气候稳定的季节进行放苗。

三、池塘类型、池塘面积等

池底为泥底，养殖池塘面积3～10亩为宜，水深1.5米以上，池底平整，不渗漏，进、排水设施齐全，池塘每亩配备增氧机功率0.2～0.3千瓦，水源水质无污染。

四、放苗时间、放苗密度等

放苗前要试水，一般规格为0.8～1.2厘米，个大质优，规格整齐，活力好、反应敏捷，逆水能力强，体色正常、胃肠食物充塞饱满，体表洁净，无附着物。先投放南美白对虾苗，平均放养密度为5万～6万尾/亩；10～15天后，投放罗氏沼虾苗，规格为1.5～2厘米，平均放养密度为1万～2万尾/亩。在池塘搭建小围隔，进行虾苗标粗，待虾苗长至3厘米以上再放入池塘中，有利于提高养殖成活率。

五、养殖管理操作

1. 清淤晒塘 首先进行池塘清整，在前一年收获后，清除池底表层淤泥，然后尽量把水排干，曝晒一个冬季，晒到池底发白或呈龟裂状，这样可以杀死池中的病原体，还可使池底大量有机物得到充分氧化分解。部分有条件的，可以清洗池塘底部淤泥。

2. 进水、消毒 进水需用双层筛绢网袋过滤，里层为80目、外层200目，长度5米左右。防止野杂鱼及病害生物随水源进入塘内，一次性将池水进够，用含氯的消毒剂（如漂白粉、强氯精和二氧化氯等）进行水体消毒。消毒剂用量少，则消毒效果差；用量大，则会杀灭大量藻类。一定要注意控制好消毒剂的使用量。

3. 培水 老化池塘用芽孢杆菌和米糠（或麸皮）混合后加水浸泡，充氧发酵12小时，制成生物肥。选择晴天的上午，使用生物肥，配合无机复合肥进行培水。正常3～4天后，可见一定水色。池底比较干净的新池，适量使用经过发酵处理的有机肥，每亩5千克；配合芽孢杆菌和藻类生长素进行培水。水色呈豆绿色或黄绿色，这时表明池中已繁殖了相当的基础饵料。基础饵料培养得好与差，将直接影响到虾苗的成活率和生长速度，因此，肥水是虾类养殖的一个重要环节。若水色不够理想，可再追施肥1次（施肥应根据水色，少量多次，避免一次量大，藻类暴长无法控制）。

当水的透明度在50～60厘米，pH7.5～8.5，氨氮0.5毫克/升以下，硫化氢0.01毫克/升以下，亚硝酸盐0.04毫克/升以下，溶氧量5～6毫克/升时即可试水。即用网袋挂在池塘中，放入50～100尾虾苗，24小时后成活率在95%以上即可大批放苗。

4. 饲料投喂 饲料为南美白对虾专用颗粒饲料，投饵量根据天气、水质、载虾密度及实际摄食量等因素灵活调整。坚持“少量多次、日少夜多、均匀投撒、合理搭配”的原则，提高饵料利用率，减少水质污染；以检查饵料台不留残饵、对虾饱食量达八成，池底无沉饵为原则。这样，一方面能促进对虾生长、降低饵料系数；另一方面可以减轻水体的污染程度。养殖前期，日投喂2次，40天后增加到3次；水质变化、水色过浓时，应适当减少投喂量或停喂；暴雨、低压等天气，应该不投料。养殖中、后期，若南美白对虾出现偷死，可停喂1～2天饲料，待罗氏沼虾摄食部分死虾和体弱的南美白对虾，能够有效控制病害的蔓延。

5. 养殖管理　养殖过程中7～10天使用1次芽孢杆菌，及时降解池塘中的有机物。养殖前期适当光合细菌，保持稳定水质，为虾苗和鱼苗提供生物饵料。注意及时补肥，尽量保持稳定的水色。

中、后期水位要保持在1.5米以上，要经常检测水质因子，pH要稳定在7.0～8.3，氨氮、亚盐要抑制在0.3毫克/升以下，溶解氧保持在4毫克/升以上。随着投饵量的增加，大量的残饵、排泄物、死藻等在池塘中积累，底部污染严重。使用过氧化钙、二溴海因、沸石粉等改良底质；出现水色偏浓、水体表面泡沫多，使用芽孢杆菌配合乳酸菌进行调控。如果水源较好的，可以适量进行换水。

高温季节、低压天气、台风暴雨时一定要开足增氧机，配备急救的增氧剂。夜晚巡塘时，要特别注意虾的游动情况，发现虾浮游，应要开动所有增气设备，使用粉剂的增氧剂，泼洒葡萄糖和维生素C，进行急救。

六、收获

南美白对虾分多次捕捞，一般养殖60天后，若南美白对虾售价较好时，采用地笼捕捞的方式，捕大留小，回收部分资金，减少对虾密度。罗氏沼虾分苗数量不多，且大规格的罗氏沼虾售价较高、市场需要量大，等养殖结束后一次性收获大规格的罗氏沼虾。

第五章 南美白对虾小面积池塘养殖

第一节 南美白对虾小面积土池温棚养殖模式

近几年，江苏如东地区由于豆蟹价格下降，豆蟹养殖效益减低甚至出现亏本，少数养殖户尝试用养殖豆蟹的盖棚小池塘进行南美白对虾的生产，取得了良好而且稳定的效益。目前，在江苏如东及周边地区，用于养殖南美白对虾的小面积池塘数量迅速增长，成为当地主要的南美白对虾养殖模式。

一、养殖模式特点

1. 方便管理 小棚养殖由于池塘面积小，饵料的投喂、观察和控制比较方便，增氧能做到均匀且充足，虾苗成活率的评估比较准确，进、排水容易调控，这些方面都能让管理更为便捷，而且不需要太多的人力。

2. 保温效果好 相比于福建龙海、广东珠三角地区的温棚，南通的小棚保温效果更好，而且抗风能力强，不易倒塌，受雨水的影响也较小。

3. 池塘病原浓度低 一年里，上半年养殖时间为3个月左右，下半年养殖时间约为4个月，其余时间可干塘、晒池，经冬季的低温冰冻与夏季的高温曝晒，池中的病原生物容易得到杀灭。

4. 水源质量好 一般使用地下水为水源，地下水含有比例较高的 HCO_3^- 离子，缓冲力强，在换水的时候总碱度和pH比较稳定；地下水养殖避免了污染水源的流入，减少病原的交叉感染，为对虾安全生长提供了十分有利的环境条件。

5. 避免不良气候影响 对于中国长江中下游地区而言，养殖白对虾最担心的就是梅雨天气。每年6月至7月上旬持续阴雨天，空气湿度大、气温高，容易引起养殖对象产生强应激，从而引起一系列的病害。利用小棚养殖，可有效保持水质稳定，帮助白对虾安全度过梅雨季节，另外进入此气候时，小棚虾基本都开始上市，不会造成很大的损失。

6. 反季销售优势　春季大棚虾5月初就能大量上市，是华东地区最早上市的虾类之一。秋季大棚养出来的虾，可以推迟至露天虾都卖完才上市，因此也能卖得较好的价格。

7. 投入少，效益高　小棚搭建简易，成本较低，每亩1万～1.2万元。搭好的棚，一般可以用2～3年，可养4～6造，虽然初次投入成本较高，分摊下来每造小棚养虾的成本则相对较低。而养殖顺利的话，一茬养殖的效益就可以全部回收建棚成本。

二、养殖技术

1. 养殖时间　滩涂地区的盐碱地或内陆的土地，只要有地下咸水或半咸水水源的，均可建造小棚养殖南美白对虾。一般每年养殖2茬，3～6月为春虾，8～12月为秋虾。春虾提前进苗，提前出塘，以快为主；秋虾以慢为主，推迟出塘时间，目的都是为了错开露天池塘售虾高峰期，提高成虾的销售价格。

2. 池塘类型、池塘面积等　常见小棚的池塘面积在400～533米^2，所搭小棚长40～60米，宽约10米，塘深0.7～1.2米。池壁铺设塑料薄膜，池底为土质或沙质塘底。池塘中间架设宽约20厘米的水泥板过道。对虾池塘搭建小棚，棚高约1.8米，用弧形钢筋或毛竹搭成，春季或入秋后在棚外覆盖塑料薄膜。

以增氧的功率计算，每个小棚按1千瓦配备，池中每2米^{2}左右放置微孔增氧管1个或微孔管做成的曝气盘1个。同时，保证配电设备和发电机组配套齐全。条件允许的一般设置蓄水池，以方便将刚抽取的地下水进行曝气处理。

3. 养殖品种和搭配　小棚全部养殖南美白对虾，无其他品种混养，放养的虾苗均为国外进口亲虾所产的一代虾苗。

4. 放苗时间、放苗密度　春虾可分两批放，有配套锅炉加温的池塘在2月中旬开始放苗，一直持续至3月初；无锅炉加温条件的放苗推后，具体时间为3月下旬至4月下旬。春虾养殖尽可能早收获，放苗密度稍低，为6.5万～8万尾/亩；秋虾放苗时间集中在7月中旬至9月初，放苗密度略增，为7万～8.5万尾/亩。

5. 养殖管理操作

（1）放苗前准备　放苗前10天左右开始进水40～50厘米，进水完成后进行池塘和水体消毒，一般1个小棚用漂白粉25千克。消毒后打开增氧机进行充分的曝气，消毒5～7天后使用硫代硫酸钠中和余氯，用量为1.5～2千克/棚。

水体余氯消失后进行解毒，解毒完成后开始"做水"，即培养水体中的有益藻类和微生物菌群。新挖池塘使用芽孢杆菌与有机无机复合营养素，养殖多茬的池塘使用芽孢杆菌与氨基酸营养素。

（2）放养虾苗　待水温稳定在20℃以上时，方可进行虾苗的放养工作。计划放苗的前1天，检测水体的余氯、盐度、pH和氨氮等理化指标，并从育苗场拿虾苗的样本进行试水。若试水顺利并且各项指标检测合格（即余氯、氨氮最好不检出，盐度与育苗场水体的盐度接近，pH在7.8～8.6），则可以按照计划放养虾苗。在放养虾苗的同时，向水中施用维生素、葡萄糖等抗应激的产品。

（3）饲养管理　虾苗放养当天或隔天开始投喂配合饲料，开始时每天投喂粉料20～50克/万尾苗，然后逐渐增加。至虾能摄食完料台上的饲料后，饲料的投喂量以跟踪料台摄食情况为准。养殖初期一般每天投喂2次；养殖中期开始一天投喂3次，以1.5～2小时内摄食完料台中的饲料为正常。

在养殖的不同阶段和对虾健康度不同的情况下，适时拌料投喂中草药、有益菌、免疫多糖和维生素等饲料添加制剂。当天气转变、多雨、闷热、水质恶劣等情况发生时，及时减少饲料的投喂。

（4）水质调控　养殖过程中，水质的调控主要依靠使用有益微生物制剂来调控，常规使用的产品为芽孢杆菌、乳酸菌和光合细菌，部分养殖户也会使用噬弧菌抑制水体中弧菌的繁殖。养殖前期，由于水质清瘦，在水体中泼洒氨基酸、液态无机有机复合肥等藻类营养素，来促进有益藻类的繁殖；养殖中、后期，根据池塘底质的恶化状况使用底质改良剂。除此之外，解毒类产品使用也较为普遍，添加地下水、阴雨天气、藻类生长不良等情况下均有使用。

三、结果与分析

1. 收获情况及效益分析　春虾经过60～90天的养殖即可上市，使用锅炉加温的虾在5月上市较多；无锅炉加温的虾在6月集中上市，上市规格一般为100～140尾/千克。秋虾养殖时间较长，一般需经过100～120天的养殖，上市规格在60～100尾/千克。

以1个480米^{2}的棚为例，放苗5万，产量375千克计为例（虾苗成活率以90%计，售虾规格为120尾/千克）。苗种费用在1 200元（一代苗一般为220～260元/万尾）；饲料价格按照8 500元/吨计算，饲料系数1.0的话，饲料成本为3 200元；地租1 000元；人工、水电均摊上去，1个棚投入应该在6 000元以内。商品虾早上市价格较高，一般为60～72元/千克；晚上市价格会适当降低，一般为50元/千克左右。因此综合计算，在养殖顺利、饲料系数不高的情况下，每个棚的利润至少在7 000元以上，一般则高达10 000元以上。

2. 存在的问题和应注意的事项

（1）管理难度大　由于池塘面积小，水体小，水环境中生物种类单一，小棚内的养殖环境是较难保持稳定的，这就要求管理人员具有较高的技术水平和较强的实践经验。同时，用来改良环境投入品的使用量也比普通土池要高1倍多。

（2）受水源条件限制大　不同地方的地下水资源情况不一，水质条件不同。目前，最突出的问题是水体氨氮、重金属含量偏高。同时，在养殖面积盲目增加的情况下，地下水使用量过大，地下水资源日渐枯竭，该模式可持续发展受到影响。

（3）受土壤条件制约多　很多小棚养殖地区原来是种植农作物的，如以前种植棉花的土壤中肥料和农药残留过多，这样的条件下池塘水色极不稳定，养殖的虾易出现农药残留甚至中毒死亡的情况。

（4）养殖环境富营养化　该模式对于土池来说属高密度的养殖，养殖水体富营养化严重，富营养化的养殖废水直接排入环境中，长此以往，养殖池塘及周边环境必然恶化。

（5）土壤盐碱化　一些离海边较远的内陆土地，由于养殖水体略带盐度，废水排出会导致养殖区域和周边环境土壤的盐碱化。

第二节　南美白对虾小面积水泥池养殖模式（惠东）

一、养殖模式特点

广东省惠州市是传统的水产养殖地区，其中，惠东县是养殖南美白对虾的主要产区。惠东县的南美白对虾养殖主要集中在平海镇和港口镇，1999 年在当地就开始兴起使用地膜池养殖南美白对虾，当地已有约 5 000 亩左右的高位池养殖面积。随着养殖管理水平与养殖形式的变化，养殖池塘修建的规格也越来越小，逐渐形成小面积水体养殖南美白对虾的新模式。小水体高位池以池小、排污好、高增氧和可控性更强为特点。自 2013 年开始兴起，由于养殖产量高、效益可观，这种养殖模式在当地开始盛行，养殖面积逐年增加。

二、养殖技术

1. 养殖时间和地点 惠东县高位池养殖南美白对虾主要集中在平海镇、港口镇，水质条件优良的沿海区域。一般一年养殖 2 茬，第一茬在春节后至农历二月投苗，农历五月至六月售虾；第二茬放苗时间集中在农历七月至八月，春节前后售虾。

2. 池塘情况 该养殖模式的池塘建造在海边，水质优良，海水盐度常年保持在 16 以上，排换水便利。池塘为钢筋混凝土结构，再铺上地膜。池塘形状一般为正方形或长方形（略带弧度），池塘面积为 0.7～1 亩，池深 3.5～4 米。

池塘中间设排污口，排污口规格多为 1 米×1.2 米。排污口上覆打孔的硬质塑料板，排水通过池外排污井中管的拔起和放入来控制。进水主要通过水平埋设塑料滤水管，在海边开挖大口径的砂滤井，将水泵的吸水管装入砂滤井中抽水，养殖池上铺设用于冬棚铺盖塑料薄膜的钢丝和固定设备。

3. 池塘增氧设施 每亩池塘一般配备增氧设备有 2 台 1.5 千瓦水车式增氧机、射流式增氧机和罗氏鼓风机等。为整个养殖水体提供上、中、下层立体式增氧，水体溶氧保持在 4 毫克/升以上。其中，水车式增氧机又能让整个水体旋转起来，使养殖水体的污物集中于排污口，提高排污的效率，减少养殖中、后期水体负担。

4. 养殖品种和搭配 该模式养殖南美白对虾采取单养方式，无套养其他品种，放养的虾苗为一代虾苗。

5. 养殖管理操作

（1）*放苗时间、放苗密度* 第一茬虾苗选择在春节前后至农历二月份放养，放苗密度为 40 万～50 万尾/亩；第二茬虾苗在农历七月至八月，放苗密度为 35 万～50 万尾/亩。投放的虾苗一般都经过标粗 30 天后再进行分池养殖。

(2) 放苗前的准备工作　上一茬养殖结束后即可进行洗池工作，池塘清洗完可在池底及池壁干撒漂白粉，3～4 天后再用水进行冲洗。然后进水 1.3～1.5 米，使用漂白粉消毒，水质条件好的使用二氧化氯或碘类消毒。

水体消毒结束（含氯消毒剂待余氯消失，碘类消毒 2 天后即可）后，使用有机酸产品进行水体解毒。如果天气正常，解毒后第二天使用芽孢杆菌制剂，乳酸菌与碳肥类营养素发酵后进行培水。

(3) 苗种放养　一般采取肥水措施后 3～4 天，藻类繁殖到一定浓度后，选择晴天清晨放养虾苗。放养虾苗的品种为一代虾苗，放养虾苗的规格为 0.8～1厘米，经检测不携带特定病毒和不携带有绿色弧菌虾苗。虾苗放入池塘后泼洒维生素 C 和葡萄糖类产品，增强虾苗的抗应激能力。

(4) 饲料投喂　虾苗放养当天或隔天开始投喂饲料，饲料选择蛋白含量在 40%以上的南美白对虾配合饲料。前期投喂对虾开口料和 0# 饲料，长至 4～5 厘米投喂 1# 料，根据对虾均匀程度，投喂的饲料也会按比例混合投喂。每天投喂次数为 4 次，分别为 6：00、10：00、14：00、18：00。投饵量根据气候、水温、虾的密度及摄食情况而定。同时在池边与池中设饵料台，通过观察饵料台的剩饵情况来进行加减料，每次投喂对虾吃料的时间控制在 1 个小时左右为宜，幼虾期间可适当延长到 1.5～2 个小时。饲料投喂时，可在饲料中添加乳酸菌、免疫增强剂等产品，来提高对虾免疫力及促进肠道健康。

(5) 水质调控　水质的调控主要采用三种措施，即排污、换水和使用投入品。养殖前 10 天，饲料投喂量少，水质污染小，因此基本不需要排污和换水，只通过少量加注新鲜海水和使用藻类营养素、有益菌来稳定优良的水色。

虾苗投放 10 多天后，开始进行少量的排污与加注新鲜海水。随着饲料投喂量的增加，排污次数和换水量有所加大。每天排污的次数一般为投料次数的 2 倍。首先排污是在投料前进行（以排出水色不黑无异味为标准），喂料后的排污工作在饲料台上的饲料吃完半小时后再进行。换水量大小根据水质状况确定，养殖中、后期如遇倒藻等特殊情况下，一天的换水量可达到 50%～60%。

在养殖场内一般设有 2～3 个 3～5 米^3 水体的小水泥池，用来发酵芽孢杆菌和乳酸菌等微生物。根据水质的情况，选择不同的菌种来调控水质。除此之外，养殖户也向池塘投入消毒剂、有机碳源、过氧化钙、有机酸解毒剂等产品来辅助调控水质。

6. 收获情况　经过 3～5 个月的养殖，对虾长至 40～110 尾/千克时可以分批上市，一般分2～3次完成。收获方法则采用笼网或拉网捕捞的方式。第1茬虾在农历五月至六月销售，销售虾规格以70～110尾/千克居多；第2茬虾在春节至正月销售，为满足节日消费市场销售规格以40～60尾/千克居多。

三、结果与分析

1. 养殖效益、成活率、饲料系数等 惠东地区小水体高位池选用的都是一代虾苗，虾苗质量较为稳定、管理水平高的池塘，苗的成活率可达70%～85%。由于虾苗放养密度大，因此，养殖顺利的池塘产量较高。以1茬养殖来计算，亩产2 000～3 000千克较为普通，高产的池塘超过5 000千克/亩。

在养殖过程比较平稳的情况下，饲料系数在1.2～1.8较为常见；养殖周期长、养成规格大、养殖产量高的池塘，饲料系数较高；如虾苗放养密度低、饲料投喂精准、水质环境控制较好的池塘，饲料系数较低。

从对虾销售的时间来看，惠东地区高位池1年2茬的养殖均属于反季节养殖，养殖对虾的高产量创造了高效益。以惠东县港口镇某养殖户为例：2013年上半年投资兴建8口，池塘面积共为6.8亩，硬件投入共计130万，2013年6月25日放养某公司一代虾苗300万尾，养殖至2013年9月19日开始首次售虾，规格90尾/千克，售价64元/千克；每口池塘均分为3次销售，直至最后出售规格为20尾/千克；共产出对虾238 600千克，总产值350万元，扣除饲料、虾苗、电费、投入品、人工、池塘折旧等成本，净利润200万元。

2. 养殖过程中存在的问题

(1) 水质稳定方面

①养殖前期水色不稳定：惠东小水体高位使用的水源经砂滤处理的海水，水源藻种数量较少，养殖前期常见消毒后肥水速度慢，如补肥不及时，极易导致藻相不稳定。

②养殖过程中倒藻：养殖过程中，当高温、风向转变、大量降水、水色过浓等问题发生后，藻类容易出现大量死亡，导致水质变化。这也是养殖中、后期导致对虾发病的一个重要原因。

(2) 养殖病害方面

①幼苗阶段肝胰腺病变：这是近年来在高位池养殖中较为突出的一个病害问题，具体症状为虾苗放养几天至1个月内肝胰腺萎缩、模糊、对虾体色变青且不透明，发病初期少量对虾空肠空胃并陆续出现死亡，严重时大部分对虾停

止摄食。

②中、后期偷死：水质恶化、池塘底部溶氧量偏低和感染病原等原因，都会导致对虾养殖中、后期偷死的现象。但偷死的原因和应对措施还无法确定。

3. 该种养殖模式的优劣势评估　惠东小面积养殖模式起步较晚，相对于其他地区的高位池养殖模式来说，该种模式的优势有以下几点：①单口池塘面积小，池底坡度大，排污口排污效率高，因此排污效果好；②立体式增氧强度大，能充分保证水体的溶解氧；③管理人员每天投喂饲料前需在中间排污口附近捞除杂物，这样可及时掌握对虾的健康状况；④虾苗经过标粗环节后再分池养殖，加强了幼苗前期的营养补充又能提高池塘的生产能力，提高经济效益。该养殖模式的不足之处有：①对水源要求较高，养殖地区较为局限；②养殖过程中换水量大，这不仅严重污染了环境，且养殖区域池塘密集容易造成病害交叉感染；③养殖过程当中，对工人的操作技术要求较高，且人员配备较多。

第六章
南美白对虾盐碱地池塘养殖

第一节　南美白对虾盐碱地池塘养殖模式

一、南美白对虾盐碱地池塘养殖模式特点

我国有约 6.9 亿亩的低洼盐碱水域和约占全国湖泊面积 55% 的内陆咸水水域，这些盐碱地（水）资源遍及我国 17 个省（自治区、直辖市），主要分布在东北、华北以及西北内陆地区。

盐碱水属于咸水范畴，有别于海水。由于其成因与地理环境、地质土壤、气候等有关，所以盐碱水质的水化学组成复杂，类型繁多，与海水相比，不同区域盐碱地水质中的主要离子比值和含量会有很大差别。另外，盐碱水的缓冲能力较差，不具备海水主要成分恒定的比值关系和稳定的碳酸盐缓冲体系。

盐碱水质大都具有高 pH 、高碳酸盐碱度、高离子系数和类型繁多的特点，直接影响着养殖生物的生存，给水产养殖带来了较大难度。因此，水质调节成为盐碱地池塘养虾成败的关键。

南美白对虾盐碱地池塘养殖方式，应根据可养池塘的条件现状灵活采用，一般分为粗放养殖、半精细养殖和鱼、虾、蟹混合养殖三种模式。

1. 粗放养殖　对自然水域采取少放苗种、不投饵或少投饵、实施人工管护的生态养殖方式，是一种投入低、产出高、经营风险小，以大规格提高产量，以质量增加效益的养殖经营方式。南美白对虾放苗密度一般为 3 000～5 000尾/亩。

2. 半精细养殖　对池塘条件要求较高，池塘面积要求在 3～5 亩，池水深度 1.5～2.5 米，有水源可补充或交换，装备有增氧设施，人工投喂配合饲料。南美白对虾的放苗密度为 3 万～5 万尾/亩，是一种高投入、高产出的养殖经

营方式，对技术和管理的要求较高。

3. 虾、鱼、蟹混合养殖　一种从科学养殖经营的角度出发，合理搭配鱼、蟹等混养品种的养殖模式。混合养殖的不同品种在同一个水体内养殖生产，使生物间形成一种共生共栖和相互依存关系，充分利用水体的立体空间，在同一个水域能生产出多个水产食品，体现和发挥了水生动物的群体效应和水域生产能力。而且对于对虾养殖病害发生具有一定的生物预防性，较单一品种的养殖具有一定的经营风险互补性（图 6－1）。

图 6－1　南美白对虾盐碱地养殖池塘

二、南美白对虾盐碱地池塘养殖技术

（一）养殖池塘的整治与除害

1. 池塘清淤修整　对虾养殖池塘经过 1 周的养殖生产，往往容易积聚大量的有机物、有害微生物、病毒携带生物及有害微藻等。有机物在分解时需要消耗大量的氧气，有机物过多将导致养殖过程池塘底部水层缺氧，在缺氧状态下有机质分解极易形成组胺、腐胺、硫化氢等有毒有害的中间代谢产物，不利于养殖对虾的生存。有害微生物、病毒携带生物及有害微藻等多是诱发养殖对虾病害的有害生物，严重威胁养殖对虾的健康和环境的安全。对虾属于底栖性生物，池塘底质环境不良，轻者影响对虾生长，重者造成对虾窒息死亡或发生病害死亡。所以，在养殖收获后和养殖之前必须切实抓好池塘的清淤修整工作。

池塘清淤，主要是利用机械或人力把养殖池塘底部的淤泥清出池外。上一茬养殖收获结束后，应尽快把虾池水体排出，及时将池内污物冲洗干净。清除的淤泥应运离养殖区域进行无害化处理，不可将淤泥推至池塘堤基上，以防下雨时随水流回灌池塘中。

清淤完毕，应对池塘进行修整。一是要把池塘底部整平，凹凸不平的池底易于堆积淤泥，不利于对虾生长，也不利于底质管理和收获操作；若池底的塘泥较厚，水位较低，可考虑清出部分底泥（图 6－2）。二是全面检查池塘的堤基、进排水口（渠）处的坚固情况，有渗漏的地方应及时修补、加固，以防养殖期间水体渗漏。

图 6－2　采取机械清淤翻耕池底

修整工作完成后，在池塘中撒上生石灰，并对池底翻耕，再次曝晒。一般来说，晒池时间越久，有机质氧化和杀灭有害生物的效果越好，清淤彻底的池塘进行数天至 15 天曝晒即可。淤泥较多的池塘应进行更为彻底的曝晒，使池底成龟裂状为佳。

2. 池塘除害消毒　经过彻底清整和长时间曝晒的养殖池塘，可不需使用药物除害消毒，直接进水。无法排干水、曝晒不彻底的养殖池塘，应使用药物进行除害消毒，避免池塘中存在有害生物。在放苗前15～20天，选择晴好天气的中午施用药物，对池塘进行除害消毒，此时气温高，效果较好。

对虾养殖池塘的除害消毒，应针对不同情况和除害对象，根据国家相关规定选择安全高效的渔用消毒药物，杀灭池塘中的非养殖生物和病原生物。用药的关键是，选用安全高效的药物和注意用药的时间间隔，既要杀灭有害生物，又要避免药物残留危害养殖对虾的健康生长（表6-1）。

用药前需少量进水，需在进水口安装60～80目的筛绢网过滤。准确计算池塘水体，根据实际水体计算用药量，这样既能节约药物又能达到除害消毒作用。操作时，应使药物分布到虾池的角落、边缘、缝隙和坑洼处，药水浸泡不到的地方应多次泼洒。池塘浸泡24小时后，可直接进水到养殖所需水位；使用茶籽饼或生石灰后无须排掉残液，使用其他药物后，应尽可能把药物残液排出池外，并进水冲洗排出，再进水到养殖所需水位。

清除敌害的药物均有一定的毒性和腐蚀性，使用时要注意安全，尽量避免与人体皮肤接触，施药人要站在上风施药，用过的用具应及时洗净。

表6-1　池塘消毒常用药物参考剂量及使用方法

药物名称	有效成分	使用量（千克/亩）	杀灭种类	失效时间（天）	使用方法	备　注
生石灰	氧化钙	75～150	鱼、虾蟹、细菌、藻类	7～10	可干撒，也可用水化开后不待冷却泼洒	提高pH，改善池底通透性
漂白粉	有效氯28%～32%	10～40	鱼、虾蟹、贝类、细菌、藻类	3～5	溶水后泼洒	避免使用金属工具，操作时需戴上口罩
茶籽饼	茶皂素12%～18%	20～30	杂鱼	2～3	敲碎后浸泡1～2天，浸出液连渣稀释后泼洒	残渣可以肥水
鱼藤精	鱼藤酮5%～7%	15～20	杂鱼	2～3	浸泡后泼洒	对其他饵料生物杀伤性小
敌百虫	50%晶体	1～1.5	虾蟹、寄生虫	7～10	稀释后泼洒	操作时禁止吸烟、进食和饮水
杀灭菊酯	2.5%溴氰菊酯或4.5%氯氰菊酯	10～20毫升/亩	虾蟹、寄生虫	5～6	稀释后泼洒	操作时禁止吸烟、进食和饮水

（二）养殖水体的处理与培育

1. 进水与水体消毒 池塘消毒5～7天后，使用60～80目筛绢网过滤进水，以去除水体中悬浮性或沉淀性的颗粒物及其他一些生物，减少水源中的杂质和有害生物对养殖对虾的影响。水源充足、进水方便的池塘，可先进水50～80厘米，养殖过程可根据对虾生长和水质变化逐渐添水；水源不充足、进水不便的池塘，应进水80～100厘米。

池塘进水到合适的水位以后，选用安全高效的水体消毒剂对水体进行消毒，杀灭水体中潜藏的病原微生物及有害微藻等。盐碱地池塘水体消毒宜选择海因类消毒剂，对多种致病菌、病毒、霉菌及芽孢均具有极强的杀灭作用，但对浮游微藻的损害较小。使用时，按照说明书标注的用量用法进行水体消毒。如果进水量较大，亦可采用“挂袋”式消毒方式，将消毒剂装入麻包袋捆扎成“药袋”，挂于进水口处，调节进水闸口至适当大小，使水源流经“药袋”再进入池塘，可对进水进行消毒处理。

2. 施肥培育饵料生物 池塘水体消毒3天后，施用水体营养素（肥料）和有益菌制剂进行肥水培水，培养优良浮游微藻和有益细菌，繁殖基础饵料生物。

常用的肥料有发酵好的有机肥，以发酵鸡粪为例，每亩施用量为100～200千克。施用时采取装袋法，即用纤维编织袋装入发酵有机肥，每袋装7成满，堆放到池塘周边的浅水处并经常翻动，利于肥液释出。待池塘水体达到一定肥度，浮游微藻繁殖起来，再将肥袋捞出池外，严禁将有机肥直接撒入池塘，否则容易造成池塘底部环境的黑化污染，对养殖对虾有害。也可以每亩施用氮肥2～4千克、磷肥120～400克，或者施用市售配置好的水体营养素。应根据养殖池塘水色和生物的不同情况，灵活掌握施肥的种类和数量。

在施用水体营养素的同时，应使用芽孢杆菌、乳酸杆菌等有益菌制剂。芽孢杆菌可以提高池塘环境的菌群代谢活性，将池塘中的有机物降解转化为可被微藻直接吸收利用的营养元素，促进微藻的快速生长，优化水体环境，并为虾苗提供鲜活的生物饵料。乳酸菌可分解利用有机酸、糖、肽等溶解态有机物，还可平衡水体酸碱度，抑制弧菌等有害菌的繁殖。由于放苗前采取清塘和水体消毒等措施，池塘中微生物总体水平较低，及时使用有益菌制剂，有利于促进有益菌生态优势的形成，发挥生态调节作用。

施用水体营养素和有益菌制剂以后，通常10～15天可达到良好效果，池塘水体显示豆绿、黄绿、茶褐等优良水色，透明度达到40～60厘米，即可以准备放苗养殖。

3. 池塘水质调节　盐碱地水质复杂、特殊，水质调节成为盐碱地池塘养殖对虾成败的关键。盐碱地水质主要表现出高pH、高碳酸盐碱度、高离子系数和类型繁多的特点，应有针对性地进行调节。

（1）降低水体pH的措施

①科学施肥：池塘施肥时有意识地选择使用酸性肥料，并且要少量多次，使水体保持适当肥度，防止浮游微藻过度繁殖，光合作用过强，大量消耗二氧化碳，引起pH升高。

②施用有益微生物制剂：使用芽孢杆菌、乳酸菌等有益产酸菌，促进有机成分酸化，起到降低pH的作用。

③直接施用酸性物质：当池水pH过高（>9.5）时，施肥和施菌调节的措施起效较慢时，可以直接使用有机酸如腐殖酸、草酸、柠檬酸等进行调节，每亩使用2～3千克，3小时内可以使池水pH降低1.5个单位。

（2）高碳酸盐碱度的调节　降低池水盐碱度，可从水源、肥料及药物三个方面进行：

①水源：如果池水盐碱度太高，可适当补充部分低盐碱度的地表水（河水、水库水）或深井水。

②尽量少使用含有金属离子（钙、钾、钠离子）的无机肥料。

③有选择性地使用清塘药物：氯离子可以与某些重金属离子形成络合物，使其溶解度增大，硫酸铜和硫酸亚铁中分别含有2价铜离子和2价铁离子。因此，在盐碱地池塘养殖中，应避免使用或最低限度使用含氯制剂、硫酸铜和硫酸亚铁等药物。

（3）硬度和离子组成的调节

①化学调节方法：通过对养殖池塘水质的化验和分析，了解水体离子组成、含量以及比例，对于缺少的成分可直接施入适量的化学物质进行调节，如缺钾可直接补入氧化钾。结合调节水体的pH，调节离子的溶解度，从而起到调节离子组成的作用。

②生物调节方法：施用有益微生物制剂，改善池塘水体的内部循环，通过调节物质代谢起到调节离子成分的作用。还可以考虑提高池塘水体的肥度，通过配方施肥或接种有益微藻，使有益微藻成为优势种群，通过微藻对水体中各

种离子的同化吸收，起到调节水体离子组成的作用。

（三）虾苗的选择与运输

1. 虾苗的选择 选购虾苗前，应先到多个虾苗场进行实地考察，了解虾苗场的生产设施与管理、生产资质文件、亲虾的来源与管理、虾苗培育情况与健康水平、育苗水体盐度等一系列与虾苗质量密切相关的因素，选择虾苗质量稳定、信誉度高的苗场进行选购。

虾苗选购时主要从感官上来把握。到育苗池观测虾苗的游泳情况，健壮苗种大多分布在水体中上层，而体质弱一点的则集中在水体下层，育苗池中应无病死苗现象，还应注意不选择高温培育和使用抗生素培育的苗种。

（1）外表观察 可以把待选虾苗带水装在小容器中观察（图 6-3），从以下几个方面判断苗种质量：

①虾苗个体全长为 0.8～1.0 厘米，群体规格均匀，身体形态完整，附肢正常、尾扇展开，触须长、细、直，而且并在一起。

②虾苗的身体呈明显的透明状，虾体肥壮，肌肉充满虾壳，体表光滑，无黑鳃，无黑斑和白斑，无断须，无红尾和红体，无脏物和异物附着。

③虾苗肝胰腺饱满，呈鲜亮的黑褐色，肠道内充满食物，呈明显的黑粗线状。

④虾苗游动活泼有力，对外部刺激敏感，摇动水时，强健的虾苗由水中心向外游，离水后有较强的弹跳力。

（2）实验测试 为了确定虾苗的健康程度，可通过以下方法进行测试：

①抗离水实验：自育苗水体中取出若干虾苗，放在拧干的湿毛巾上包埋 5 分钟，再放回原育苗水体，观察虾苗的存活情况。全部存活为优质苗，存活率越低，苗质越差。

②温差实验：用烧杯取适量育苗水体，降温至 5℃，捞取若干虾苗放入，几秒钟后虾苗昏迷沉底，再迅速捞出放回原水温的育苗水体中，观察虾苗的恢复情况。健康虾苗迅速恢复活力，体质差的虾苗恢复缓慢甚至死亡。

③逆水流实验：随机取若干虾苗及育苗水体放入水瓢中，顺一个方向搅动水体，停止搅动以后观察虾苗的运动情况。健康虾苗逆流而游或伏在瓢的底部，体质弱的虾苗则顺水漂流（图 6-4）。

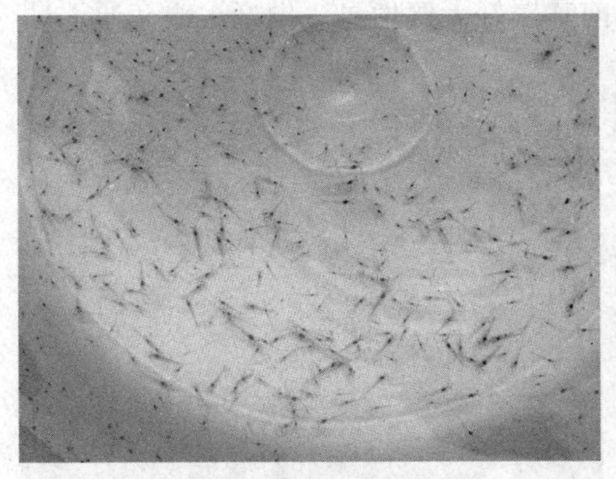

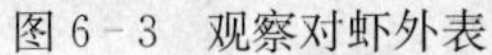

图 6－3　观察对虾外表

图 6－4　虾苗逆水流试验

（3）病源检测　除肉眼区分虾苗的优劣外，还应要求育苗场出具病原检测报告，以确定虾苗是否携带致病弧菌以及白斑综合征病毒（WSSV）、桃拉综合征病毒（TSV）和传染性皮下及造血组织坏死病毒（IHHNV）、对虾肝胰腺细小样病毒（HPV）和传染性肌肉坏死病毒（IMNV）等特异性病毒。

2. 虾苗出场前的淡化培育　选购虾苗前，应了解育苗场培育虾苗水体盐度和养殖池塘水体盐度的变化情况，养殖池塘水体盐度与苗种培育池水体盐度应尽量相近，盐度差不得超出 5。若养殖池塘水体盐度远低于育苗水体，应要求虾苗场在出苗前对虾苗进行渐进式淡化培育，逐渐降低虾苗培育水体的盐度，使出苗时育苗水体盐度与养殖池塘水体相同或接近。淡化过程盐度降幅每天不宜超过 2，如果调节幅度过大，容易使虾苗体质变弱，影响运输和放养后的成活率。

如果条件允许，可以用预先准备好的少量养殖池塘水体对准备出池的虾苗进行测试，以确保虾苗确实能适应养殖的水质环境。

3. 虾苗的计数与运输　虾苗的计数一般采用干量法。用 1 个多孔的小勺，捞取 1 勺虾苗，计数此勺的虾苗量，再以此勺作为量具，量出所需的虾苗量。也可采用其他量法（如无水称重法、带水称量法）计数。计算虾苗的数量应考虑各种因素。

虾苗的运输多采用特制的薄膜袋（图 6－5），容量为 30 升，装水 1/3～1/2，装入虾苗 5 000～10 000 尾，袋内充满氧气，水温控制在 19～22℃，保证经过 5～10 小时的运输虾苗仍可保持健康。如果虾苗场与养殖场的距离较远，运输时间较长，需酌情降低虾苗个体规格或苗袋装苗数量，并将虾苗袋放入泡沫箱（图 6－6）。箱内放入适量冰袋控温，用胶布封扎泡沫箱口，严格控制运输途中的水温变化。同时，还应提前掌握好天气信息，做好运输交通工具衔接，尽量减少运输时间。

图 6-5 装入薄膜袋的虾苗

图 6-6 装入泡沫箱的虾苗

（四）虾苗的放养

1. 放苗密度的控制 养殖池塘放养虾苗之前，应做好计划，放苗时准确计数，做到一次放足，以免养殖过程补苗。盐碱地池塘养殖南美白对虾放苗密度，通常为 3 万～5 万尾/亩。放苗密度可参考以下公式计算：

$$放苗数量（尾/亩）=\frac{计划产量（千克/亩）\times 计划对虾规格（尾/千克）}{经验成活率}$$

经验成活率依照往年养殖生产中对虾成活率的经验平均值估算，放养经过中间培育体长达到 3 厘米左右的虾苗，其经验成活率可按 85%计算。

2. 放苗时间的选择 南美白对虾在水温为 15～36℃可存活，最适生长水温为 26～32℃，当水温高于 20℃且基本稳定即可放养虾苗。若计划提前放苗，池塘应加盖温棚。

3. 放苗水体的基本要求 虾苗的环境适应性相对较弱，放苗前应确保养殖池塘符合虾苗存活和生长的需求。一般来说，养殖水体溶解氧含量应大于 4.0 毫克/升，pH 在 7.5～9.0，水色呈鲜绿色、黄绿色或茶褐色，透明度为 40～60 厘米，氨氮浓度小于 0.3 毫克/升，亚硝酸盐浓度小于 0.2 毫克/升，水体盐度与育苗场出苗时的水体盐度接近，水深在 1 米以下，不宜太深。

4. 虾苗放养方法 虾苗运至养殖场后，先将密闭的虾苗袋在虾池中漂浮浸泡 30 分钟，使虾苗袋内的水温与池水温度相接近，虾苗逐渐适应池塘水温（图 6-7），再将漂浮于虾池中的虾苗袋解开，在虾池中均匀释放虾苗（图 6-8）。

可在池塘中设置1个虾苗网，放苗时取少量虾苗放入虾苗网（图6-9），以便观察虾苗的成活率和健康状况。

应选择天气晴朗无风的日期放苗，选择避风处放苗，避免在迎风处、浅水处和闸门附近放苗。

图6-7　虾苗袋漂浮适应水温

图6-8　虾苗放养

图6-9　虾苗网观察

5. 虾苗的中间培育　虾苗的中间培育也是对虾养殖的重要技术环节，有利于苗种集中强化培育，使苗种发育更健壮，淘汰一部分病弱苗，也能使苗种对环境有一个适应过程。

可在养殖池进水处的一角，采用围网加塑料布围起，面积为池塘面积的1/20～1/10，作为中间培育池（图6-10）。中间培育池面积小，可进行盐度调整和饲料的集中投喂，相比大水面池塘，更加有利于水质调控和基础饵料生物繁殖。中间培育期间可强化投喂一些优质鲜活饵料，每天控制10厘米左右的水体交换。经10～15天的培育，撤去围网与塑料布，使虾苗自行游入养殖池塘，进入养成管理阶段。

图6-10　围网中间培育

（五）养成期管理

1. 饲料的科学投喂

（1）优质饲料的选择　饲料的质量状况，对养殖对虾的生长和健康水平具有重要的影响。优质的对虾配合饲料应具有以下特点：①营养配方全面、合理，能有效满足对虾健康生长的营养需要；②水中的稳定性好，颗粒紧密，光洁度高，粒径均一；③原料优质，饲料系数低，具有良好的诱食性；④加工工艺规范，符合国家相关质量、安全和卫生标准。

选择饲料时，除了依据饲料生产厂家提供的质量保证书，还可以通过"一看、二嗅、三尝、四试水"的直观方法，对饲料的质量进行初步判断：

一看外观：优质的饲料颗粒大小均匀，表面光洁，切口平整，含粉末少。

二嗅气味：优质饲料具有鱼粉的腥香味，或者类似植物油的清香；质量低劣的饲料没有香味，或者有刺鼻的香精气味，或者只有面粉味道。

三尝味道：可用口尝检测饲料是否新鲜，有没有变质。

四试水溶性：取一把虾料放入水中，30分钟后取出观察，用手指挤捏略有软化的工艺优良，没有软化的则有原料或者工艺问题。在水中浸泡3小时后仍保持颗粒状不溃散的为优，过早溃散或者难以软化的饲料则存在质量问题。

（2）科学投喂饲料　养殖过程中，把握好合理的投喂时间、投喂次数和投喂量，科学投喂优质配合饲料，不仅有利于促进养殖对虾的健康生长，还可降低饲料成本，减轻水体环境负担，提高养殖综合效益。

养殖过程一般在离池塘边3～5米并远离增氧机的地方设置饲料观察台（图6-11），以此观察对虾的摄食和生长情况。饲料观察台的位置与增氧机应有一定距离，避免水流影响对虾的摄食而造成对全池对虾摄食情况的误判。

图6-11　饲料观察台设置

放苗以后，如果池塘基础饵料生物丰富，水色呈鲜绿色、黄绿色或茶褐色，透明度约30厘米，放养的虾苗全长为0.8～1.2厘米，可以7～10天才开始投喂人工饲料。若池塘基础饵料生物不丰富，则应在放苗第二天开始投喂饲料。如果放养经中间培育、体长3厘米以上的虾苗，则第二天就应该投喂配合饲料。还可通过在饲料观察台放置少量饲料来判断对虾是否开始摄食，以准确掌握开始投喂配合饲料的时间。

南美白对虾是散布在全池摄食的，投喂饲料时在池塘四周多投、中间少投，并根据各生长阶段适当调整投料位置。小虾（体长5厘米以下）活动能力较差，在池中分布不均匀，饲料主要投放在池内浅水处；而中大虾则可以全池投放。投喂饲料时应关闭增氧机1小时，否则饲料容易被旋至池塘中央与排泄物堆积一起而不易被摄食。

南美白对虾在黎明和傍晚摄食活跃，根据其生理习性，一般每天投喂 3 次，时间选择在 6：00～7：00、11：00～12：00、17：00～18：00 进行投喂。有条件的可投喂 4 次，在 22：00～23：00 加喂 1 次。白天投喂量占全天投喂量的 40%，晚上占 60%。每天投喂时间应相对固定，使对虾形成良好的摄食习惯。

饲料的日投喂量，可通过估测池塘对虾的数量和体重，结合饲料包装袋上的投料参数（表 6－2）而大致确定，但考虑到天气、水质环境、养殖密度及对虾体质（包括蜕壳）等多种因素的影响，具体投喂量应依据对虾实际摄食情况而定。每次投喂饲料时，可在饲料观察台放置饲料投喂总量的 1%～2%，投料后 1～1.5 小时观察饲料台的饲料量和对虾摄食情况（图 6－12），相应调整下一次投喂的饲料量。若有饲料剩余，表明投喂量过大，可适当减少投料量；若无饲料剩余，且 80%的对虾消化道有饱满的饲料，表明投喂量较为合适；若对虾消化道饲料少，则需要酌量增加投料量（表 6－2）。

表 6－2　南美白对虾日投饲料量的参数

体长（厘米）	体重（克/尾）	日投饲料率（%）
≤3	≤1.0	12～7
≤5	≤2.0	9～7
≤7	≤4.5	7～5
≤8	≤12.0	5～4
>10	>12.0	4～2

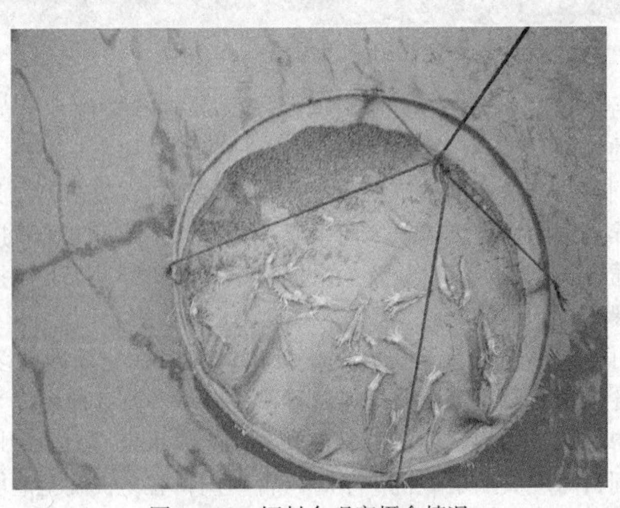

图 6－12　饲料台观察摄食情况

投喂饲料还需注意：

①傍晚后和清晨多投喂，烈日条件下少投喂。

②水温低于15℃或高于32℃时少投喂。

③天气晴好时多投喂，大风暴雨、寒流侵袭（降温5℃以上）时少投喂或不投喂。

④对虾大量蜕壳的当日少投喂，蜕壳1天后多投喂。

⑤水质良好时多投喂，水质恶劣时少投喂。

⑥养殖前期少投喂，养殖中期多投喂，养殖后期酌量少投喂。

2. 定期施用芽孢杆菌制剂　养殖过程施用芽孢杆菌，有助于形成有益菌生态优势，及时降解转化养殖代谢产物，使池塘物质得以良性循环，促进优良微藻生长，抑制弧菌等有害菌滋生，降低水体有害物质积累。

放苗前培水时施用芽孢杆菌以后，养殖过程每隔7～15天应施用1次，直到对虾收获。每次的使用量要合适，使用量太少不能发挥作用，使用量过多可能有不良影响。如果施用含芽孢杆菌活菌量10亿个/克的菌剂，按池塘水深1米计，放苗前的使用量为1～2千克/亩，养殖过程中每次使用量为0.5～1千克/亩。

使用芽孢杆菌菌剂之前，可将芽孢杆菌菌剂加上0.3～1倍的有机物（麦麸、米糠、花生麸、饲料粉末等）和10～20倍池塘水搅拌均匀，浸泡发酵4～5小时，再全池均匀泼洒；也可直接用池水溶解稀释，全池均匀泼洒。

施用芽孢杆菌菌剂后，不宜立即换水和使用消毒剂；若有使用消毒剂，2～3天应重新施用芽孢杆菌。

3. 合理施用乳酸菌制剂　养殖过程施用乳酸菌，可分解利用有机酸、糖、肽等溶解态有机物，吸收有害物质，平衡酸碱度，净化水质，还能抑制微藻过度繁殖，使水色清爽、鲜活。

当养殖中后期出现水体泡沫过多、水中溶解性有机物多、水体老化和亚硝酸盐浓度过高等情况时，可使用乳酸杆菌制剂进行调控，促使水环境中的有机物得以及时转化，降低亚硝酸盐含量，保持水质处于“活”、“爽”的状态。此外，乳酸菌生命活动过程产酸，养殖过程如出现水体pH过高的情况，可利用乳酸菌的产酸机能进行调节，起到平衡水体酸碱度的效果。

乳酸菌制剂使用量按菌剂活菌含量和水体容量进行计算，活菌含量5亿个/毫升的菌剂，1米水深的池塘，每次用量为2.5～3千克/亩；若养殖水体透明度低、水色较浓，使用量可适当加大至3.5～6千克/亩。

乳酸菌菌剂使用前应摇匀，以池塘水稀释后全池均匀泼洒，也可稀释以后按5%的量添加红糖培养4小时再使用，效果更好。施用光合细菌菌剂后，不宜立即换水和使用消毒剂。

4. 调节水体营养素 放养虾苗以后，微藻的生长发挥了食物链的作用，水体营养水平相应大幅降低，此阶段应该及时补充水体营养素，保障微藻稳定生长，维持良好水色。一般来说，自第一次施用水体营养素以后，相隔7～15天应追施1次，重复1～2次。以施用无机复合营养素或液体型无机有机复合营养素为宜，不宜使用固体型大颗粒有机营养素。具体用量可根据选用产品的使用说明，结合微藻的生长和营养状况酌情增减。

随着养殖过程中有机物不断增多，养殖水体的富营养化程度增高，但由于水交换量少及多年连续养殖的利用，池塘环境中的微量元素往往缺乏，干扰了微藻的平稳生长，同时也影响对虾的健康生长。所以，在养殖过程还需视池塘生态变化情况酌情施加微量元素，以平衡水体营养，稳定生态环境。

养殖过程往往因气候突变或者操作不当导致微藻大量死亡，透明度突然升高，水色变清，俗称“倒藻”或“败藻”。此时，应联合施用芽孢杆菌、乳酸杆菌等有益菌，加速分解死藻残体，促进有机物的降解转化，同时施用无机复合营养素或液体型无机有机复合营养素，及时补充微藻生长所需的营养，重新培育良好藻相。有条件的可先排出一部分养殖水体，再引入新鲜水源或从其他藻相优良的池塘引入部分水体，再进行“加菌补肥”的操作。

5. 合理使用理化型环境改良剂 随着养殖时间的延长，池塘水体中的悬浮颗粒物不断增多，水质日趋老化，加之养殖过程中天气变化的影响，水体理化因子常常会发生骤变。此时，在合理运用有益菌调控的基础上采取一些理化辅助调节措施，科学使用理化型水质改良剂，可及时调节水质，维持养殖水环境的稳定。

沸石粉、麦饭石粉、白云石粉是一类具有多孔隙的颗粒型吸附剂，具有较强的吸附性。养殖中、后期水体中悬浮颗粒物大量增多、水质混浊时，每隔1～2周可适当施用，吸附沉淀水中颗粒物，提高水体的透明度，防控微藻过度繁殖，在强降雨天气后也可适量使用。一般用量为10～15千克/亩，具体应根据养殖水体的混浊度、悬浮颗粒物类型和产品粉末状态等酌情增减。沸石粉、麦饭石粉、白云石粉也可作为吸附载体与有益菌制剂配合使用，将有益菌沉降至池塘底部，增强其底质环境净化的功效，达到改良底质的效果。

若遭遇强降雨天气、pH过低，可适时在养殖池中泼洒适量的生石灰，能提高水体碱度，使水中悬浮的胶体颗粒沉淀，并增加钙元素，有利于微藻生长。生石灰的用量一般为10～20千克/亩，具体根据水体的pH情况酌情增减。强降雨天气也可把生石灰撒在池塘四周，中和堤边冲刷下来的酸性雨水。

当水体pH过高，则可适量施用腐殖酸，促使水体pH缓慢下降并趋向稳定在对虾适宜范围之内。同时，配合使用乳酸菌制剂效果更好。

养殖中、后期池塘中的对虾生物量较高，遇上连续阴雨天气、底质恶化等情况，容易造成水体缺氧的现象。此时，应立即使用一些液体型或颗粒型的增氧剂，迅速提高水中的溶氧含量，短时间内缓解水体的缺氧压力。

6. 合理施用光合细菌制剂　光合细菌是一类有光合色素，能进行光合作用但不放氧的原核生物，能利用硫化氢、有机酸做受氢体和碳源，利用铵盐、氨基酸、氮气、硝酸盐、尿素做氮源，但不能利用淀粉、葡萄糖、脂肪、蛋白质等大分子有机物。养殖过程合理使用光合细菌制剂，可有平衡微藻藻相，缓解水体富营养化的作用。

在养殖中、后期，随着饲料投喂量的不断增加，水体富营养化水平日趋升高，容易出现微藻过度繁殖、透明度降低、水色过浓的状况。此时，可使用光合细菌制剂，利用其进行光合作用的机制，通过营养竞争和生态位竞争，防控微藻过度繁殖，避免藻相"老化"，调节水色和透明度，净化水质（尤以对氨氮吸收效果明显），优化水体环境质量。此外，光合细菌在弱光或黑暗条件下也能进行光合作用，在连续阴雨天气科学使用，可在一定程度上替代微藻的生态位，起到吸收利用水体营养盐、净化水质、减轻富营养化水平的作用。

光合细菌制剂的使用量，按菌剂活菌含量和水体容量进行计算。活菌含量5亿个/毫升的光合细菌菌剂，以1米水深的池塘计算，通常的用量为2.5～3.5千克/亩。若水质严重不良，可连续使用3天。使用时将菌剂充分摇匀，用池水稀释后全池均匀泼洒。施用光合细菌菌剂后，不宜立即换水和使用消毒剂。

（五）对虾病害预防与控制

对虾养殖病害应坚持以预防为主的方针，推广良种、良法、实施生态健康养殖，从改善和保护养殖环境入手，力争在养殖生产过程中少用药或不用药。

1. 应用生物生态技术实施养殖环境改造　应用生物生态技术对养殖水域实施改造，营造适宜南美白对虾生长的环境，调节和控制水质，为对虾养殖创造一个良好环境，实现健康养殖。

大力推广应用池塘饵料生物繁殖，多品种混套养技术，利用生态系统中物质循环关系，生物间共生互补关系和食物链关系，实现生态平衡，以良好的环境控制病害发生。

2. 谨慎使用杀菌药物 在养殖期间要加强管理，把好每一个生产关键环节关，牢牢坚持预防为主、防重于治，如对虾一旦发病很难治愈。一是养殖水体大、用药多增加投入成本；二是杀菌药物不仅能杀菌，而且能杀灭水体中的有益微生物，杀灭整个菌类群体，破坏了池塘生态环境，反而对养殖品种极具伤害性。在用药过程中，量小不起作用，量大不仅杀灭菌类，还会造成水体清瘦。因药物刺激使对虾的抵抗能力下降，诱发病毒性疾病更加严重，导致快速死亡。健康的对虾可以抵御病毒的侵袭，虽被感染，但在正常的环境情况下，不会发病致死。因此，应慎重使用杀菌药物。

3. 加强饲料营养与药物预防 加强饲料营养与药物预防，增强对虾的抗病能力。

确保对虾养殖饲料质量和供应量，是增强对虾体质抵抗疾病能力的重要措施。在池塘中实施人工基础生物饵料的繁殖、培育，打下良好的饵料营养基础，是一项成功的养殖技术。投喂人工配合饲料不论是采购，还是自己加工制作，一定要严把质量关，保证营养需要并促进正常生长，能提高对虾体质和抗病能力。

人工配合饲料中可以添加不产生药物残留、能预防病害发生的中药成分和一定比例的维生素C等免疫增强剂。在养殖期间，坚持每隔10天使用1次药物饲料，连续投喂时间为5～7天。

4. 异常疾病的应对 对虾养殖疾病的发生，是对虾本身的健康程度和外界环境条件优劣双重作用的结果。当养殖对虾一旦发现异常，要做全面分析，准确确定病因是怎样形成的，严禁盲目乱用药物。通过分析确定，能够采取其他措施补救解决，尽量不使用药物。如必须使用药物，应与营养供应、改善水域环境同时进行。如确定为病毒所致且发病较重的，一般没有治愈价值，应根据对虾生长规格决定出池销售或对池塘处理后再做养殖放苗的打算。

（六）对虾收捕

1. 收捕时间 南美白对虾昼夜活动觅食，因此，白天和夜间都能收捕，自然收捕以夜间收捕量最大。

2. 收捕方式

（1）轮放间捕　根据养殖模式采取多茬养殖，轮放间捕模式的，应采用捕大养小的方法，使用适宜网目的地笼迷魂网收捕。在高温季节收捕，要注意 1 条网的收捕量不易太多，否则会因密集度大、高温缺氧出现死亡造成经济损失。此种收捕方式，一次性收捕量小，完全依靠对虾的活动自然收捕，收捕持续时间长。

（2）拉网集中收捕　如遇有发病应急情况可采用拉网集中收捕，此种方法需要一定的人力和动力拉网，一次性收捕量大，但易翻动池底，使池塘水质受影响。如在养殖期用该种方法收捕，应尽量减少拉网次数。如进入秋季收捕，首先将池水下降至 1 米左右，再拉网收捕捕捞量大。对虾收捕也可采取在排水闸门安装集虾网排水，循环冲水方式收捕。

（3）对虾收捕温度　进入秋季收虾，要严格掌握季节的温度变化，南美白对虾应在水温 15℃时及时收捕完毕。避免因气候变化导致对虾活动停止，侧倒池底，给收捕带来困难，造成经济损失。

（七）养殖实例

河北省沧州地区盐碱地池塘罗非鱼成鱼与南美白对虾混养，每亩投放罗非鱼越冬鱼种（规格为 10 尾/千克）800 尾、南美白对虾 1.5 万尾，可收获罗非鱼 700 千克以上、南美白对虾 100 千克以上的产量。

第二节　南美白对虾盐碱地池塘卤水兑淡水养殖模式

一、南美白对虾盐碱地池塘卤水兑淡水养殖模式特点

自 1993 年暴发对虾病毒病以后，我国沿海的对虾养殖业遭受了巨大损失，于是人们逐渐尝试由沿海养虾转为内陆开发养虾。利用盐度 40～120 的高盐水兑淡水进行小池塘、深水位、强增氧、控污染的对虾养殖模式，在天津汉沽地区经过试验、示范、推广与完善，不但防病效果显著，而且连年取得较高单产和经济效益。该养殖模式在一定程度上切断了海水污染源直接进入虾池的途径，防止了病害的传播，在养殖全过程中使用增氧机强化增氧，保持池水足够溶解氧，在此基础上，施以微生物调控，削减自身污染，通过综合手段，最大

限度地延缓了池水老化的进程，保持了池水的生态平衡与稳定。

二、南美白对虾盐碱地池塘卤水兑淡水养殖技术

（一）池塘条件

池塘以小面积为主，便于池水调节和管理，单池面积3～5亩，池形长方形，长宽比为3∶2，池塘内坡比为1∶（1.2～1.5），池深3.5～3.8米，蓄水深度3.2～3.5米，池底平坦并向排水口倾斜。

（二）池塘配套设施

虾池设有独立的进、排水沟渠，平均每2～3亩配置1台3千瓦叶轮式增氧机，每8～10亩配置2～3台4寸潜水泵，同时配备1台相应功率的发电机；每50亩池塘配置1口淡水机井，虾池进、排水以潜水泵提取。养殖期间，高盐水和井水先在进水沟渠或专用配水池中进行勾兑，达到适合盐度后，再用潜水泵注入虾池。养殖过程中，池水盐度渐变范围为26～10，一般多采用盐度50左右的高盐水作为兑淡水源，主要是已经经过1～2年的沉淀净化，无污染、病原少，且含有海水中的浮游微藻，利于投苗前培肥水质，也利于养殖期间添换水后藻相的平衡控制，保持生态平衡。

（三）放苗前的准备

1. 池塘清淤与晾晒 池塘经过1个养殖周期，由于残饵、对虾粪便、死亡藻类及有机物的积累，形成池底淤泥，一些致病生物存活其中，同时含有各种有毒物质，这是造成养殖生产中池水恶化、溶解氧含量低、引起对虾发病的主要原因。因此，必须清除池底淤泥，净化池底。

汉沽地区一般在养殖结束后，排干池水，经过冬季晾晒、风干，至翌年春节前后进行清淤，3月中旬前结束。清淤均采用泥浆泵进行，经过冲洗将池底污泥排出池外，清淤后晾晒15～20天，进一步氧化分解有机毒物。

2. 池塘消毒 池塘清淤后，曝晒数日。投苗前20天左右用药物进行消毒，其方法有两种：

（1）池塘首次进水30厘米左右，施入含有效氯25%～32%的漂白粉4～5千克，以杀灭池塘底部的病原菌和敌害生物；2～3天后再次进水，使池塘水深达1.4～1.5米。同时，调整池水盐度为24～26范围，进水后进行二次消

毒，常用药物有漂白粉（用量为5千克/亩）、二溴海因（用量为300～500克/亩）、二氧化氯（用量为150～200克/亩），多以漂白粉为首选药物。通过二次对池水消毒，达到杀灭池塘内坡泥土中病原菌的目的。

（2）池塘一次性进水1.4～1.5米，施入漂白粉6～8千克/亩，对池水及池塘进行消毒。施药后池水晾晒10天左右，使其自然净化，药物自然挥发。

每次进水需经60～80目锥形筛绢网过滤，以防敌害生物入池。

3. 肥水培养良好水色 投苗前10天左右，向池内添加10～20厘米的新鲜含藻水源，施用浮游微藻营养素和芽孢杆菌培养水质，促进浮游微藻的繁殖，为虾苗入池提供良好的生长环境和适口的饵料生物。

施用的浮游微藻营养素多采用水产专用无机有机复合生物肥，分2～3次进行。首次按水体施入足量的生物肥和芽孢杆菌，同时施入一些解毒剂或络合剂，以消除和缓解池水中重金属及消毒剂的残留。5～6天后根据池水状况，若浮游微藻繁殖数量少，透明度大于40厘米，适量追施营养素，将池水调至嫩绿色、浅绿色或黄绿色并具新而爽；透明度30～35厘米，浮游微藻类种类以绿藻、硅藻为优势种。

肥水期间每天中午开机2～3小时，进一步改善水质，投苗前2～3天向池内投放光合细菌，以提高虾苗入池后的成活率。

（四）虾苗放养

1. 苗种选择 虾苗质量的好坏直接关系到养殖的成败，因此，苗种的选择要严格把关。通常，选择历年销售的苗种养殖结果比较理想和有信誉的育苗单位购买苗种，或对几家育苗单位的苗种加以比较从中选优。通常选取形体粗壮，体色透明，体表光滑无脏，胃肠食物饱满，反应灵敏、弹跳和逆流能力强，规格相对均匀，体长在1厘米以上，育苗池水经降温达自然水温1天以上的健康苗种作为放养苗种。

特别注意的是，选苗时要从育苗池中多点上下垂直取样，细心观察。若发现池中有体色发红、色素斑点多、肝脏发红和空胃、消化道白浊的苗种，均要放弃购买。

2. 苗种放养 放苗前，首要的工作是取池水样进行化验、镜检，各项理化指标正常后，方可购苗放养。放苗时，池塘水温要稳定在18℃以上，盐度调整在24～26范围，与育苗池水温差不超过2～3℃。盐度差不超过3，pH8.0～8.8，溶解氧5毫克/升以上，氨氮低于0.1毫克/升，亚硝酸盐0.01

毫克/升以下，池水透明度 30～35 厘米。

放苗时要将盛苗塑料袋放入池水中漂浮，20 分钟后再解袋放苗。

（五）养成管理

1. 池塘注水与换水 养殖前、中期池塘以加水为主，每 5～7 天加水 10～15 厘米。投苗后的第 1 个月（5～6 月），保持水深 1.5～2 米；第 2 个月（6～7 月）保持水深 2.5～2.7 米；第三个月（7～8 月）于 7 月下旬加满池水达水深 3 米以上。养殖后期在稳定池水的基础上，除添加蒸发、渗漏水外，视池水老化和污染程度适量换水，以排出底层水为原则，降低对虾粪便、残饵、死亡生物等有机质造成的污染，减轻虾池负荷，改善池水生态环境。

加、换水量控制在池水总量的 10%～20%，防止水体环境改变过大，对虾产生应激反应，加水和换水时开动增氧机，促进新老池水混合均匀。从 6 月初以后，在每次加水的同时，逐渐降低池水盐度，每次盐度差下调幅度控制在 2 以内，至 8 月初使池水盐度降至 15～10。

2. 增氧机的使用 增氧机可以增加表层水的溶解氧含量，通过搅水加快池水上下层对流，将表层水的高溶氧送入底层，调活水质，提高池水整体溶解氧水平，加速池水中有机物分解，并使底层有害气体逸出水面，降低池水中有毒物质的毒性，促进对虾摄食，增强抗病能力。在高密度养殖条件下，以有限量的水源进行池水交换的池塘，应用增氧机强化增氧尤为重要。

通常增氧机的使用方法为：放苗后30 天内，每天开机 2 次，中午和黎明各开机 2～3 小时；养殖 30～60 天间断开机，每天开机 3～4 次共 10～12 小时，开机时间为黎明前 3：00～6：00、9：00～11：00、13：00～16：00、22：00～24：00；养殖 60 天后即进入 7 月，对虾总生物量增加，水体污染逐渐加重，耗氧增加，需延长开机时间，并根据对虾密度、池水状况和天气情况灵活掌握，一般白天间断开机 6～7 小时，夜间从 22：00～6：00 连续开机 7～8小时，连续阴雨昼夜开机。7 月下旬以后，每天傍晚和黎明前各投放 1 次长效增氧剂或过氧化钙辅助增氧，使池水溶解氧含量维持在 5 毫克/升以上，投饵时停机 0.5～1 小时，以利于对虾摄食。

3. 维持池水中稳定的浮游微藻藻相 浮游微藻不但产生氧气，消除氨氮、亚硝酸盐、硫化氢等有害毒物，而且还可以起到净化和稳定池水环境的作用。对于高产养殖的池塘，调控和维持适宜的藻相，稳定池水生态环境的平衡至关重要。因此，在养殖期间，必须经常观察池塘水色变化和取水样进行化验和镜检，将池水调控为以绿藻、硅藻、金黄藻为优势藻相形成的浅绿色、绿色或黄绿色，透明度维持在30～35厘米。

如浮游微藻大量繁殖，水色过浓，透明度小于20厘米，可通过加水或换入清水进行调节。若取水困难，可施用药物调节，如氯制剂、水质净化剂或净水型的生物制剂等加以控制。但施用氯制剂的剂量不能过大，否则微藻大量死亡造成转水，致使池水变成混白色、灰白色，溶解氧降低，氨氮、亚硝酸盐等毒物增高。

如池水透明度偏大，在45～50厘米，可适量补充浮游微藻营养素促进微藻适量繁殖。如水色过清，透明度大于60厘米，说明微藻下沉或大量死亡，特别是养殖后期的8月，因连续阴雨天易造成此种情况发生，应及时排出部分老水，向池中引进藻相较好的水源或施入浓缩的藻种，调节施肥，开机增氧，形成适宜的藻相和水色，防止池水变成泥浆色，否则难以调节，池水生态失衡造成对虾缺氧、免疫力下降引发虾病，导致缩短养殖时间，影响产量和效益。

4. 应用生物制剂和理化改良剂调节改善水质和底质　随着养殖时间的延长，池水和底质有机物逐渐积累，池塘负载加大，有机物中间代谢产物增高，有害物质如氨氮、亚硝酸盐、硫化氢及重金属离子等大大增加，有害细菌大量繁殖，影响对虾摄食生长，对虾免疫力下降，易造成对虾中毒发病或死亡。因此，汉沽区这种高产养虾模式，自发展至今除以有限量水源进行池水交换外，在养殖生产全过程中，主要应用生物制剂、底质改良剂调节改善池水和底质环境，控制和消除各种有害物质，抑制有害细菌的繁殖，调控池水生态平衡与稳定。

目前，常用的生物制剂有芽孢杆菌、光合细菌、乳酸菌、硝化细菌、酵母菌和复合菌等，底质改良剂有沸石粉、过氧化钙、配制的复合改底剂等。使用时要根据池水、底质状况，结合生物制剂、底质改良剂各自的特点，把握好使用品种和用量。通常从养殖中期开始，每10～15天施用1次生物制剂和底质改良剂；养殖中、后期，每10天施用1次。通过定期施用生物制剂和底质改良剂，对池水、底质进行调节和改善。将池水理化指标维持在pH 8.0～8.8，溶解氧5～7毫克/升，氨氮0.3毫克/升以下，亚硝酸盐0.05毫克/升以下，透明度30厘米左右，水色呈浅绿色、绿色、黄绿色，为对虾创造优良和稳定的水域环境，促进对虾健康生长，预防虾病发生。

5. 饲料投喂　一般情况下，投苗密度在15万尾/亩左右的池塘，投苗2～3天后开始投喂饲料，最迟不超过5天，以增强虾苗体质，提高免疫力和成活率。在养殖全过程中以全价配合饲料为主，每天搭配投喂1次卤虫。在投喂方法上，采取少量多次的原则，沿池塘周边水深0.5～1米处均匀投喂。

通常日投喂次数为：投苗后的15天内，每天投喂2次，即6：00～7：00、19：00～20：00；投苗后的15～30天，每天投喂3次，即6：00～7：00、13：00～14：00、20：00～21：00；投苗后的30～60天，每天投喂4～5次，即6：00～7：00、10：00～11：00、15：00～16：00、19：00～20：00、23：00～24：00；投苗60天以后，每天投喂6～7次，从6：00～24：00，每3～3.5小时投喂1次。

投喂量根据池中对虾规格、数量和理论投饵量，结合检查对虾实际摄食情况确定。投饵后1小时，检查对虾摄食和残饵情况。如果对虾饱胃率达到80%～90%，料台、投料场所没有残饵，说明投饵合理；如对虾空胃率超过30%，则投料不足，要适当增加投喂量。投料后1.5～2小时，检查仍有残饵，则说明投料过量，要减少投喂量。

生产上多采取经几天内每次的投饵摸索后，确定出较准确的日投饵量，然后根据确定的日投饵量分数次投喂。随着对虾的增长和投饵次数的增加，经常检查和进行调整，避免投饵不足影响对虾生长；投饵过量造成饲料浪费，增加成本和污染水质、底质，产生有毒物质，导致有害细菌滋生，影响对虾生长甚至发病死亡。

一般池水欠佳、污染较重或对虾发病时减少投喂量，连绵阴雨少喂，大到暴雨停止投喂。

6. 病害防治 对虾一旦得病，则难以治愈，尤其是白斑综合征（WSS）和桃拉综合征（TSV）发病后，将会造成直接的经济损失。因此，要坚持以防为主、防重于治、综合防治的原则。在高密度养殖全过程中，除应用生物制剂、底质改良剂、水质环境调节剂等净化和优化池水、底质环境外，还需妥善采取池水消毒、投喂药饵等措施。

从6月以后，每15～20天对池水进行1次消毒。进入高温季节，即7月中旬以后，每10～15天1次；或根据池水污染状况，采取定期与不定期相结合的方法进行水体消毒，以杀灭池水中的有害细菌，减少对虾体的感染。常用药物有碘制剂、二溴海因和二氧化氯等，施药时要开动增氧机，将药物搅拌均匀。

需注意的是，施用消毒药物以杀灭有害细菌为基准原则，切忌盲目加大用药量，否则杀死浮游微藻，造成池水和透明度有较大变化，生态失衡，导致对虾产生应激反应，缺氧甚至中毒，对虾免疫力下降引发虾病。用药 3～5 天后，及时施用生物制剂、底质改良剂修复和调控池水生态环境。

对虾体长 5 厘米后，每间隔 10 天，以预防量连喂药饵 5～7 天，每天 1～2 次。7 月中旬以后，每间隔 7～10 天，以预防量连喂药饵 5～7 天，每天 1～2 次。以提高对虾免疫力，达到预防虾病发生的目的。常用药物有三黄粉、大蒜素、复合中草药和氟苯尼考等，常用的免疫增强剂有免疫多糖、多维和维生素 C 等。中草药与西药分开并配伍免疫增强剂轮换使用，收虾前 15 天左右停喂药饵。

7. 日常巡池与检查　养虾是一项责任心很强的工作，需专人自始至终地对池塘进行全面管理。坚持每天巡池，观察池塘水色变化，检查对虾摄食和活动状况、对虾生长和健康状况。黎明前池水溶解氧为最低值，易发生缺氧浮头，巡池检查尤为重要。在养殖过程中，还需定期取样化验、镜检，及时掌握池水中氨氮、亚硝酸盐、pH、藻相变化及对虾病害等情况，从而及时发现问题，采取相应措施消除隐患。进入高温期的梅雨季节，是水质易变和病害频发季节，稍有疏忽，将会造成严重损失。因此，必须加强日常巡池检查，提早做好防范措施，预防虾病发生。

（六）适时捕虾

养殖过程中，当发生较难治愈的虾病，如红体病、白斑病等（发病严重、死亡快、死亡率高），应及时捕虾。

1. 养殖初期　在幼虾阶段。发病后全部捕虾并排干池水，采用泥浆泵将池底死虾及污染物彻底清除。然后，每亩施用生石灰 100～150 千克，对池底、内坡进行全面消毒。曝晒 1 周后，池塘进水并采用氯制剂对池水进行消毒，1 周后施肥培藻和施入生物制剂、底质改良剂进行池水调节，然后重新投苗。如时间在 6 月初至 6 月中旬，育苗场尚有苗种的情况下，因养殖时间缩短，投苗密度相应减少，控制在 10 万尾/亩左右；如投放其他池塘分出的大规格虾苗，规格为 3～5 厘米，在保证苗种质量的基础上，投苗密度控制在 5 万～6 万尾/亩。

2. 养成中期　时间在 7 月中旬阶段。对虾规格 8 厘米左右，发病后经治疗难以控制陆续死亡，应果断捕虾 2/3～3/4，存塘 1/3～1/4，防止造成绝收。捕虾后暂停投喂饵料，应用生物制剂、底质改良剂、解毒剂等，对池水、底质进行解毒改善和保养，1～2 天后以投喂药饵控制其病情发展，并以延长养殖时间，争取大规格、高售价弥补中途捕虾的损失。

3. 养殖后期 时间在 8 月初至上旬阶段。对虾规格 11 厘米左右，发病后应及时全部捕虾。此时，捕虾已基本达到应收产量和效益。否则，不仅增加治疗成本，而且会随着病情发展，死亡加重，造成进一步的损失。

第七章 南美白对虾淡水池塘养殖

南美白对虾内陆池塘养殖模式

南美白对虾生长快、养殖周期短、适应性强，对盐度的适应范围广，养殖效益高。内陆地区南美白对虾有庞大的消费市场，主要靠沿海产区供应，由于运输成本较高、长途运输成活率低，所以售价较高。2003年，新疆地区尝试利用当地的地热资源、光热资源养殖南美白对虾，成功地证明了南美白对虾能够在内陆地区进行淡化养殖。内陆地区虾类售价高，养殖塘租低，养殖利润空间大，近几年，在湖南、湖北、江西、河南、四川等地，利用当地丰富的水资源，大力发展南美白对虾淡化养殖，规模越来越大。目前，在湖南常德和湖北武汉周边养殖南美白对虾面积超过8 000亩，取得良好的经济效益。内陆地区远离海区，养殖池塘分散，不存在交叉水源污染的问题，降低对虾传染性病毒病暴发的概率。但是，虾苗采购、淡化、运输，成虾养殖技术等环节上存在诸多问题，严重影响养殖的成功率。

一、自然条件

（一）地理位置

内陆地区养殖南美白对虾，首先应根据本地区所处的地理位置和自然气候条件，确定是否适合大规模养殖南美白对虾。南美白对虾最适生长温度为28～35℃，致死温度为9～10℃，生长期90～120天，才能达到上市规格70～90尾/千克。加上销售期，其生产周期约140天。如果当地有120天左右平均气温在20℃以上，才适合南美白对虾养殖。其次，内陆地区南美白对虾的消费群体主要集中在大中型城市，南美白对虾长途运输的成活率较低，因此，地处偏远的地区、年积温较低的地区不宜大规模养殖南美白对虾。

（二）水源和土质

内陆地区硫酸盐型盐碱池塘的养殖面积占相当比例，养殖水源的水质就其盐度划分为2类：盐度1以下的淡水和盐度1以上的盐碱水。在高温季节，硫酸盐型盐碱池塘的水质变化大，底泥中硫化氢等有毒物质含量较高，极易造成泛塘，因此，盐碱池塘养殖南美白对虾应特别注意水质调控。有些盐碱地区的水中硫、镁、氟等离子含量较高，则不宜养殖南美白对虾，建议用淡水兑海水晶配制成海水后再进行淡化养殖。选址时，必须充分了解池塘的土质和水质情况，不要盲目进行开发，造成经济损失。

二、养殖技术

（一）虾苗的选购

购买优质虾苗是养殖成败的关键。目前，虾苗的市场比较混杂，质量不稳定，选购时切不可贪图便宜，应选择正规的、信誉好的苗种企业生产的虾苗。虾苗运输时间的长短，影响虾苗的成活率，必须提前计算好运输时间，充分计划好运输过程中各个环节的衔接，保证虾苗能在最短的时间内运达养殖场。

（二）虾苗的淡化

由于南美白对虾属海虾淡养，在海水中育苗后在淡水中养殖，虾苗从海水向淡水过渡时极易发生应激反应，处理不当会引起大批死亡。故虾苗的淡化程度要求越低越好，最好是培育用水的盐度降到1以下，接近淡水，并稳定培育3天以上，以降低淡水养殖前期虾苗的应激反应。在纯淡水地区养殖时，放养前最好在养殖池塘内建好暂养池，面积约占养成池的1/10，水深一般在0.6～1米。暂养池可用普通农用塑料薄膜围栏。暂养池内添加由海水晒制的粗盐或人工海水晶，以提高池水的盐度，降低虾苗因发生应激反应而导致死亡的可能性，提高虾苗培育的成活率。当虾苗适应新的水环境后，即可逐渐添加淡水，使水体的盐度接近淡水，即所谓的“二次淡化”。

（三）养殖管理

南美白对虾对水质要求较高，养殖过程中水质波动过大，容易引起对虾出现应激发病，日常管理中必须细致到位。从业者应到沿海主产区进行系统学习，掌握基本的操作流程，才能确保养殖的成功率。如果没有一定的养殖经验，切不可盲目投资，造成经济损失。

三、养殖模式

（一）养殖时间

气温较稳定时，无寒潮，水温保持在20℃以上，开始培水、放苗。养殖周期约120天，其中，应有90天水温能够保持在28℃以上，确保对虾有足够的生长时间。

（二）池塘养殖条件和配套设施

（1）池塘为土池或水泥池。池底以沙质或泥底为佳，淤泥不可太厚，5～10厘米为佳。要求水源充足，水质好，无污染，淤泥少，土质坚实，进排水方便，面积5～10亩。

（2）养殖池必须保持水深1.5～2米，形状以长宽比3∶2为好，池底应有1%左右的坡度，便于排水与捕捞。

（3）进、排水渠道独立设置，进水口应斜对排水口，便于水体交换、排水方便。

（4）每3～5亩配备1台1.5～3千瓦的增氧机，有条件应配相应数量的水泵，用于补水和抽水。

（5）进水口安滤网，并要常检查，以免损坏。滤网至少要用40目以上的筛绢网，滤去敌害生物。

（三）池塘的处理

1. 整池和晒池 使用过的池塘必须进行彻底地清池。方法为把池水排干，晒池，并平整池底，修理堤基，堵塞漏洞。池底要彻底晒透后，以每亩75～100千克生石灰溶化后全池泼洒、浸泡。再翻耙池底，彻底杀灭病菌、再曝晒。

2. 消毒 放苗前半个月进水30厘米，用强氯精或二溴海因（150克/亩）全池泼洒消毒，浸泡72小时后，将池水排掉、曝晒。

3. 培水 放苗前7天，进水60～70厘米，开始进行肥水。目前肥水方法很多，有用有机肥的，但由于氮磷比例不均衡，营养盐过剩，造成池水水质不稳定，容易发生倒藻，污染池底。较好的方法是采用微生物制剂肥水，配合水产养殖专用肥，能够迅速繁殖单胞藻，为虾苗提供良好的天然饵料生物，增强虾苗体质和活力。

池水水色以淡黄色、黄绿色、绿色和茶褐色为适宜，透明度25～30厘米，pH 8.5左右。若水中出现枝角类、桡足类最好，是虾苗下塘最理想的天然饵料。虾苗下塘后，应适当补充追肥和加注新水。

4. 调节水体盐度 放苗前1天，每亩使用200～300千克海盐或海水晶化水后，全池均匀泼洒。将水体盐度调节为0.5左右，有利于虾苗的适应性，提高养殖成活率。多年的生产实践证明，养殖前期池水保持一定的盐度，虾苗的成活率相对比较高。

（四）虾苗的放养

1. 虾苗选择

（1）虾苗规格整齐，规格要求在0.8～1.2厘米。

（2）用玻璃杯对光检查，虾苗呈跳跃式游动，跳跃有力；触须并拢、偶尔张开，摄食能力强，尾扇张开弧度大。

（3）体表干净，枝足完整，体节细长。

（4）用白色水瓢舀起，迅速沉入瓢底，用手绕圈搅水，虾苗沿边逆水游动、快速有力。

（5）把部分虾苗倒入拧干的湿毛巾上，再用湿毛巾包盖15分钟，把毛巾上的虾苗倒入盆中，让其慢慢恢复，成活率在95%以上说明虾苗活力强。并应对虾苗进行PCR检测，看虾苗是否携带病原体，无特异病原体的虾苗是健康养殖的基础。

2. 放苗密度 放养密度要根据养殖条件和养殖的技术水平来定。内陆地区投放的虾苗必须通过淡化标粗后才放入养殖池塘，淡化后的虾苗数量计算放苗密度比较准确。如果养殖条件较好、技术水平较高的，放苗密度每亩5万～6万尾；一般的水平每亩3万～4万尾。

3. 虾苗淡化 内陆养殖的虾苗必须从沿海购买，由于运输时间较长，为了保证虾苗的成活率，虾苗规格不宜太大，一般在0.5厘米左右为宜，盐度控制在10～15，必须进行淡化，使虾苗适应当地的水质环境，提高抵抗力，确保正常生长。虾苗淡化标粗技术是内陆地区养殖的关键环节，直接影响养殖的成功率，应该充分重视。各地淡化虾苗有两种方法：一是单级淡化，苗种盐度在10以上，直接放入养殖池中搭建的围栏中，经过10天左右淡化后，直接放入养殖池塘；二是两级淡化，苗种盐度在10以上，利用温室或搭建小温棚，将其淡化至3～4，再放入虾塘的围栏中进行二级淡化，使虾苗完成适应养殖池塘的环境。多年养殖生产证明，采用两级淡化的方法，能够比较准确掌握放入虾苗的数量，合理控制饲料投喂，养殖成功率相对比较高。

虾苗淡化时，应根据购买虾苗的池水盐度调配好暂养池的池水盐度，尽量做到接近一致。开始淡化时，每次必须缓缓地泵入淡水，最好以喷洒方式分多次进行，并充分的增氧和搅水，避免水体局部和短时间内盐度急剧下降。当盐度降低到10以下时，每天盐度降幅1～2，不能超过2。切记盐度降幅不能太快，并不要淡化至零，否则将影响虾苗的存活率。

虾苗二次淡化的操作步骤：

（1）搭围栏　在已清整消毒的池塘进水口一角，采用彩条塑料布围一定面积，一般放苗5 000尾/$米^2$。如5亩池塘围100 $米^2$，水深0.6～0.8米，平均水深0.7米。设置1台380瓦充气泵，在围栏中安装好气管、沙石，设4排、每排5个砂头。

（2）基础生物培养　用单细胞藻生长素、微生物制剂，使池水有一定的藻类，供虾苗作活饵料。池水透明度调至30～40厘米。

（3）盐度调节　放苗前1天用海水晶调盐度至2～3，（即1 $米^3$ 水体加2～3千克海水晶溶解成水泼在围栏中），然后用二溴海因0.3毫克/升消毒池水。

（4）放苗前检测围栏池水　pH 7.6～8.6，DO 4毫克/升以上，NH_3＜0.03毫克/升，NO_2＜0.04毫克/升，H_2S＜0.01毫克/升。

（5）放苗　虾苗用尼龙袋运到池边，先放入围栏水中调温，与池水温度接近。然后将虾苗倒入盆中，慢慢掺加池水，使虾苗适应围栏池水环境，再将盆倾斜水面，慢慢浸入池水，观察到虾苗主动游出，证明虾苗已适应，最后慢慢连水倒入池水中。

（6）淡化时投喂　当天即用虾片和0号虾料混合饲喂，每天喂5～6次，每万尾每天喂10克；3天后逐步过渡为用0号料，每4～5次，每万尾每天喂25克；视虾苗吃食情况酌情增减。饲料用少量水拌后应全围栏泼洒，便于虾苗均匀摄食。

（7）淡化时的水质管理　水体小，变化大，必须24小时开动增氧泵连续充氧，保持溶解氧在5毫克/升以上。并要每天检测pH，控制pH在7.6～

9.0，透明度25～30厘米。

(8) 淡化速度控制　虾苗淡化必须循序进行，前期控制在每天降0.5，以后注意观察虾苗适应情况缓缓进行。淡化方法为，用小水泵装1支钻有小孔的塑料管从大池中抽水入围栏中，水从管孔中如细雨喷出落入水中，不会因水流过大而使虾苗产生应激。放苗后翌日进行，每次半小时，连续3～5天。当围栏水的盐度与大池相同，在围栏两边各拆开1个口（30厘米×20厘米），让虾苗自动向外游动。当虾苗适应大池环境时，会主动成群结队往外游，即可拆掉围栏。

4. 放苗时应注意的问题

(1) 放虾苗池水温要在20℃以上，选晴天12：00前或19：00后，避开中午高温期。

(2) 放苗要注意盐度和水温，虾苗袋放在水中漂浮调温。

(3) 应分散放苗，不要太过集中。

(4) 放苗前开启增养泵，增加池中溶氧。

(5) 虾苗应一次放足。

(五) 饲料投喂

内陆养殖中，饲料成本占养殖50%以上。科学合理的投料量，不但能降低成本，而且能保证养殖水体稳定。如饲料投喂过多，除浪费饲料外，残饵会污染水质，引发疾病，导致养殖失败；如饲料投喂过少，容易引发各种营养性疾病，规格大小不均，还可出现互相残杀现象，商品价值降低。

放苗7～15天内，池水较肥时，适当投喂0#料，10万尾每次投喂0#料0.3千克左右，每天2～3次；当虾苗长到3～4厘米时，虾苗吃食较有规律性。在饲料台里投入饲料总量的1%，在2～2.5小时内吃完为宜。根据饲料吃完的时间长短进行增减，在对虾长到6～7厘米（中期）时，即可投喂2#料，每天喂3～4次，饲料观察台应放饲料总量的2%，以1.5～2.0小时吃完为好；当虾长到8～9厘米（后期）时，可投喂3#料，每天4～5次，饲料观察台应放饲料总量的3%；以1小时内吃完为好。在生产中还应结合撒网进行检查，投喂饲料1.5小时后，用撒网捕虾检查。如有80%的对虾为饱胃，其余为半饱胃，表明饲料量恰到好处；超过80%饱胃，表明饲料过多；低于80%饱胃，表明饲料不足。在整个饲养过程中，每周可停喂1～2次。

日投喂量按南美白对虾总体重计算。一般体长1～4厘米时，日投喂量为对虾总体重的15%左右；体长4～7厘米时，日投喂量为对虾总体重的6.5%；体长10～11.5厘米时，日投喂量为对虾总体重的3%～5%。投喂应做到少量多次，每天投喂次数不少于3次。且傍晚和清晨多投喂，中午少投喂；水温高于32℃或低于15℃时少投喂；风和日暖时多投喂，天气恶劣时少投喂或不投喂；大量蜕壳时少投喂，蜕壳1天后多投喂；水质好时多投喂，水质差时少投喂，水肥浮游动物量大时少喂。

（六）养殖管理

1. 保持水质的稳定，提高虾体的免疫力 养殖过程中养殖水体各理化因子的变化，可导致水体藻相、菌相平衡转变，每天上、下午各测1次水质（pH、DO、N_3H、NO_2、H_2S）。若pH早、晚变化大于0.4，表明养殖水体中藻类生长过于旺盛，光合作用较强烈，此时应采取措施平衡水体pH，以控制藻类适当生长。先使用光合细菌稳定水体pH，第二天用芽孢杆菌制剂平衡水体藻相、菌相。

2. 定向培养藻类，防止藻类老化 藻类具有较高的净水能力，可吸收水中有机物产生的营养盐。藻类生长有一个周期，即繁殖期、生长高峰期、老化期。为保持水质"嫩、爽、活"，延长藻类的生长繁殖，可采用追肥与使用微生物制剂相结合的方法。养殖前期施用光合细菌，养殖后期施用EM菌，可调控藻类的生长。若水色过浓，水体透明度过低，悬浮颗粒较重，可适当换底层水、再加水的方法加以处理。无条件换水时，可用二溴海因杀死部分藻类降低悬浮颗粒浓度，提高池水透明度，然后再用底质改良剂（沸石粉）与微生物制剂同时施用，从而始终保持水质的良好。

3. 不良水质的处理 在养殖过程中，由于南美白对虾的排泄物与残饵的积累，容易导致水质恶化，影响南美白对虾的正常生长，严重者可引起虾病蔓延。

（1）水色为暗绿色或淡绿色 多出现在养殖中、后期，由于水温升高，虾池水老化，池中悬浮有机物增多而造成，致使原来绿藻为主的藻相转变为蓝藻为主。虾池出现污水色时，南美白对虾的摄食一般相对较慢，且容易患病，溶解氧早晚变化较大。若有换水条件可抽底层水8～10厘米，然后用二溴海因杀死部分藻类，最后将池水恢复至原来水位；2天后再使用微生物制剂调控水质。若不具备换水条件，可结合施用沸石粉与微生物制剂，及时进行调节。

（2）水色为黑褐色或红色 这是由于藻类繁殖过剩，在天气持续高温或天气突变时，水体溶解氧含量较低，大量藻类死亡所造成。有条件最好先排出底层水 10～20 厘米，然后慢慢加水到原水位，避免南美白对虾因加水而造成应激，再使用底质改良剂调水；第 2 天用以芽孢杆菌为主的微生物制剂净化水质。

(3) *水色为蓝绿水或浓绿水色* 下风处有油漆状蓝色物质，可闻到异味。这种水色在内陆淡水地区比较常见，主要是水体富营养化或施肥不当，导致蓝藻大量繁殖，蓝藻毒素对对虾危害极大，池塘长时间维持这种水色，对虾食欲下降、长速缓慢、发病率高。采用杀藻的处理方法，容易造成对虾应激发病，尽量避免使用杀藻剂。如水源条件较好的，可进行换水，用有机酸解毒，再使用芽孢杆菌和光合细菌，能够有效控制藻类的繁殖。

4. 定期补充钙、镁微量，提高水体硬度，增加对虾抗应激能力 内陆水源为淡水，盐度在 0 或 0 以下，水体中含有的微量元素不能满足对虾生长的需求，容易引起对虾软壳或蜕壳不良，造成对虾应激，降低成活率。养殖中、后期，定期使用石灰水，特别在下雨后也要用适量的石灰水，提高水体硬度。

（七）收获

南美白对虾养殖 90 天左右，规格达 10 克以上即可捕捞上市。根据当地市场行情，如果价格较好，可采用地笼，收获部分大规格对虾，留小规格的继续养殖。大量上市时，采用拉网进行捕虾。各地应根据气候条件和市场消费习惯，计划好卖虾的时间，尽量争取早上市，以降低养殖风险。

四、内陆地区发展趋势

内陆地区远离海区，养殖池塘分散，不存在交叉水源污染的问题，暴发对虾传染性病毒病的情况相比较少。由于虾苗质量不稳定，养殖管理不到位，细菌性疾病常有发生。单一养殖南美白对虾的风险较大，采用以虾为主、搭配部分鱼类的多品种混合养殖模式是发展的趋势。通过鱼摄食体弱和发病的对虾，起到生物防控的作用，有效控制虾病的传播。内陆地区可选择与对虾混合养殖的鱼类较多，以下介绍几种混合养殖模式：

（一）南美白对虾与罗非鱼、鲢混合养殖模式

投放标粗后的虾苗，每亩 5 万～6 万尾；3 厘米以上的罗非鱼，每亩 50～

100尾；150克以上的鲢，每亩30尾。

（二）南美白对虾与斑点叉尾鮰、草鱼混合养殖模式

投放标粗后的虾苗，每亩5万～6万尾；50克以上的斑点叉尾鮰，每亩20～30尾；150克以上的草鱼，每亩5～10尾。

（三）南美白对虾与甲鱼混合养殖模式

投放标粗后的虾苗，每亩5万～6万尾；250克以上的甲鱼，每亩30～50只；150克以上的鲢，每亩30～50尾。

（四）南美白对虾与淡水白鲳混合养殖模式

投放标粗后的虾苗，每亩4万～6万尾；50克左右的淡水白鲳鱼苗，每亩100～150尾；150克以上的鲢，每亩50～100尾。

（五）南美白对虾与草鱼、鲢、鳙鱼混合养殖模式

投放标粗后的虾苗，每亩5万～6万尾；100克左右的草鱼苗，每亩30～50尾；50克以上的鲢，每亩20～30尾。

（六）南美白对虾与胡子鲇、草鱼混合养殖模式

投放标粗后的虾苗，每亩5万～6万尾；100克以上的胡子鲇，每亩20～30尾；250克以上的草鱼，每亩10～20尾。

以上6种南美白对虾与鱼类混合养殖的模式仅供参考，具体根据当地实际情况进行合理搭配。注意品种的搭配以虾主，鱼类主要起生态防病和净化水质的作用。应先投放虾苗，待虾苗长至3厘米以上，再投放鱼苗，以保证对虾的产量。

第八章
南美白对虾工厂化养殖

南美白对虾工厂化养殖模式

一、养殖模式特点

对虾养殖业作为水产养殖业支柱之一，其设施化养殖的研究也受到了广大学者的关注。对虾集约化养殖又称为“对虾工厂化养殖”，是在人工控制条件下，利用有限水体进行对虾高密度养殖的一种生产方式。其原则是，应用设施渔业的现代化技术手段，进行环境友好型的对虾高水平生产，它是设施渔业的重要组成部分之一。不同的学者对“对虾工厂化养殖”存在不同的认识与诠释。樊祥国认为：工厂化养殖是一种现代水产养殖方式，其依托一定的养殖工程和水处理设施，按工艺流程的连续性和流水作业性的原则，在生产中运用机械、电气、化学、生物及自动化等现代化措施，对水质、水流、溶氧、光照、饲料等各方面实行全人工控制，为养殖生物提供适宜生长环境条件，实现高产、高效养殖的目的。王克行则认为：工厂化养殖是利用工业手段，控制池内生态环境，为对虾创造一个最佳的生存和生活条件，在高密度集约化的放养情况下，投放优质饲料，促进对虾顺利生长，提高单位面积的产量和质量，争取较高的经济效益的一种新型养殖模式。它通过太阳能或其他热能，把水温控制在养殖生物最适温度，通过充气甚至充氧保证水体中充足的溶解氧，不仅提供给养殖对象呼吸，还可改善水质条件；通过适量的换水，去除水中有害物质，补充有益物质，保持优良水质条件；通过化学或生物手段，建立一个优良的生物群落，抑制有害生物，避免严重的病害发生；以优质饲料保证对虾生长发育的需要，促进生长和提高抗病力，提高对虾成活率和生长率，提高产品质量和数量，达到优质、高效和高产的目的。

二、对虾工厂化养殖系统的结构

（一）处理系统

1. 过滤系统　主要是利用物理过滤法，清除悬浮于水体中的颗粒性有机物及浮游生物、微生物等，可采用砂滤、网滤和特定过滤器等方式。在沙石资源丰富的地区一般可采用二级砂滤，即可把水体中的颗粒性物质基本过滤干净；网滤时网目的大小，可具体根据水质情况及实际生产的需要而定；也有的养殖者将网滤和砂滤相结合，再利用其他过滤介质形成石英砂、珊瑚砂过滤，麦饭石、沸石与珊瑚混合滤料过滤。有的还在滤料中添加一些多孔固相的吸附剂对水体加以净化，如活性炭、硅胶、沸石等。有报道指出，利用活性炭吸附养殖水体中的有机物，最大吸附率可达82%；还有的吸附剂，甚至可有效地去除水体中的一些重金属离子。

在一些机械化较高的工厂化养殖系统中，研究者把上述过滤介质与机电设备加以有机结合，并辅以一些附件设施组成固定筛过滤器、旋转筛过滤器及自动清洗过滤器等高效高价的新型过滤器。这些过滤器能有效地对养殖水体进行连续性、高通量的过滤处理。

由于养殖过程中不同的管理模式，将使得水体中的颗粒性污物情况有所不同，不同粒径的污物大量存在于养殖废水之中。如果采用单一填料的过滤器，不能取到良好的净化效果；若采用多种填料混合的滤器，则可能由于不同填料间先后次序的安排不合理，其净化效率受到限制。所以，笔者认为可研究开发一种“组合式的滤器系统”，即把不同的填料制成不同的滤器，各种滤器之间可以自由组合。使用时可根据养殖水体中污物的具体情况，选用不同的滤器，并根据污物的粒径大小，科学组合各种滤器，形成一个高效的滤器净化系统，从而大幅提高滤器的净化效率。

2. 消毒系统　在高密度的养殖条件下，水质情况会变得相对较差，水体中除了存在一些理化性的致病因子外，还具有相当数量的致病菌、条件致病菌。这不仅会大量消耗水体中的溶解氧，还会对养殖对虾产生严重的负面影响。因此，在对虾工厂化养殖系统中一般还会配备消毒系统，利用物理、化学的措施，减少致病因子对对虾的影响。

（1）*紫外线消毒器*　紫外线对致病微生物具有高效、广谱的杀灭能力，且所需的消毒时间短，不会产生负面影响。紫外线能穿透致病菌的细胞膜，使得其核蛋白结构发生变化，还可破坏其DNA的分子结构，影响其繁殖能力从而达到灭菌的效果。一般会将柱状紫外灯管置于水道系统中，以230～270纳米波长的紫外线照射流经水道的水体，照射厚度控制在20毫米内，时间大于10秒，照射剂量为10毫伏·秒/厘米。

（2）臭氧发生器　臭氧发生器主要是依靠所产生的臭氧，对水体灭菌消毒。臭氧具有强烈的氧化能力，能迅速地令细胞壁、细胞膜中的蛋白质外壳和其中的一些脂类物质氧化变性，破坏致病菌的细胞结构。此外，还可氧化水体中的一些耗氧物质，使COD、亚硝氮、氨氮的负面影响降低到较低程度，一般在养殖过程中的臭氧使用量控。

（3）化学消毒器　化学消毒器中一般会使用漂白粉、次氯酸钠、季铵碘等氧化性介质，利用氧化作用对养殖水体进行消毒。介质的用量要视养殖水体的具体情况而定。虽然当前所使用的消毒器种类不少，但笔者认为，还是应该根据养殖水体的具体情况选用合适的消毒器。相对而言，紫外线消毒器的消毒效果可能不如后两者的效率高，但其副作用小，安全性较好；化学消毒器的消毒效果虽好，但如果使用不当，可能会对养殖水体造成二次污染。如含氯消毒剂的使用剂量过大，将导致水体中存在残留余氯，这对养殖生物的健康生长将产生不良影响；至于利用臭氧消毒，则应合理把握好水体中的臭氧含量，经消毒后的水体不能立即进入养殖系统中，而应曝气一段时间，使水体中的臭氧降低到一个安全浓度时再行使用。

3. 增氧系统　增氧系统是对虾工厂化高密度养殖中最核心的组成部分之一。在面积较大的养殖池内，可装配适量的水车式和水下小叶轮式增氧机。该种增氧机增氧效率高、使用方便，既可使养殖水体产生流动，又可起到增氧的效果，可在水质调节池、二三级对虾养殖池中使用。中小型养殖池，可装备罗茨鼓风机、漩涡式充气机和拐咀气举泵增氧。以充气式增氧机供氧具有较好的平稳性，具有动水及增氧的双重效果，一般要求供气量达到养殖水体的0.5%～1.0%。

在高溶氧的水质条件下，更有利于养殖动物的生长繁殖，因此，近年来一些新的增氧设施亦在高密度的工厂化养殖中加以应用。如纯氧、液氧、臭氧等发生装置及一些高效气水混合设施，也逐渐配备在增氧系统中。该项技术的使用，可使水体溶氧达到饱和或过饱和状态，提高水体中氧气的溶解率。

纯氧增氧成为工厂化养殖的主要增氧方式。近年来，美国、法国、西班牙、丹麦、德国等一些国家成功设计和建造了使用液氧向养殖池和生物过滤器增氧的养殖设备，大大提高了单位水面的鱼产量。并研制了制氧装置，可在鱼类养殖场直接生产纯度为85%～95%的富氧。

4. 增温系统 在温度较低的季节和地区一般会配备1套增温系统，以确保养殖生产不受温度条件的限制。较常使用的是锅炉管道加热系统、电热管（棒）系统，在条件允许的地区还可充分利用太阳能、地热水等天然热源，这样既可有效利用天然资源进行多茬养殖，降低能源消耗成本，还可达到清洁生产的目的，降低养殖过程中对水质环境、大气环境产生的负面影响。

在南方热带、亚热带海域，由于水温处于低温的时间相对较短，对于室外的工厂化养殖池可采用温棚保温，还可添加适量的深层地下水调节水温（在气温为10℃左右时，深层地下水的水温一般可以达到25～30℃）。所以，笔者认为对于工厂化养殖系统中的控温模块，并不需要采取一成不变的模式配备加温或降温设施，而应根据不同养殖地区的气候、水文等自然条件，充分利用各自的天然优势，合理设计与应用控温系统，降低能耗，减少工厂化养殖的能源成本和环境成本，确保养殖生产的全年顺利开展。

（二）废水处理系统

对虾工厂化高密度养殖，不仅要实现高产、高效的生产目的，还要利用一系列综合措施对养殖过程中产生的废水进行处理，以解决常规养殖池塘历来存在的自我污染问题，最大限度地降低高密度养殖给环境带来的负面影响。因此，废水处理系统在对虾工厂化养殖系统中具有重要的意义。由于在养殖过程所产生的废水中存在大量的颗粒性污物及如氨氮、亚硝氮等可溶性有害物质，故在废水处理过程中将应用物理、化学、生物等手段，针对不同形式污染源进行处理。

1. 沉淀 对养殖废水中含有的虾壳、对虾残体及排泄物、残饵、水质改良剂等大颗粒物质，可在暗室沉淀池中沉淀处理，使上述物质得以沉降至池底。也有的系统中会引入旋转分离器，令水体旋转产生向心力，从而把颗粒性物质集中于水池中央，然后通过中央排污的方式，收集含固性养殖废水做无害化处理。沉淀处理一般可将粒径大于100微米的废物去除，而具体的沉淀时间，则要视养殖废水中大型颗粒物的数量而定。

2. 泡沫分离 对于悬浮态的细微颗粒污染物，可应用气浮的方法进行泡沫分离。在20世纪70年代，气浮技术在工业废水处理中开始广泛应用。泡沫分离器可设计为圆筒状或迂回管状，将气体注入其中产生大量的气泡，气泡产生的表面张力，将废水中的溶解态、悬浮态的有机污染物吸附其上，并随着上升作用把污物举出水面形成泡沫，再由顶部的泡沫收集器收集泡沫，最后做集无害化处理。有研究表明，该项技术聚集污物的含固率可达3.9%。此外，该技术不但有效去除悬浮态的有机污染物，还可向水体中注入一定的氧气，以助水体中耗氧物质的氧化。若要增强氧化效果，还可在所注入的气体中添加臭氧成分。

3. 生物净化 养殖过程中投入的饵料及对虾残体、排泄物，直接导致废水中氨氮、亚硝氮、硝氮和磷酸盐等物质大量存在。生物净化主要是利用微生物（如芽孢杆菌、光合细菌、硝化菌、反硝化菌等）吸收、降解水体中的有机质和氮、磷营养盐。也有个别系统中引入了滤食性贝类、江蓠等一些大型藻类，以增大吸收效率。

在应用微生物技术净化养殖废水时，一般会把微生物进行包埋固定化处理，把菌种固定于一个适宜生长、繁殖的固体环境中，使之成为生物膜、生物转盘、生物滤器和生物床等形式。以提高生物量、增强微生物活性，从而达到快速、高效降解废水中的有机质、氨氮、亚硝氮、磷酸盐等污染物的目的。但笔者认为，生物净化系统应该借鉴IT行业的设计理念采用模块化设计。首先，从自然界中筛选高效菌种，或将分子生物学技术引入微生物工程中人工构建超级菌种，制备高效微生物的水质净化模块；其次，筛选构建净化效率高、环境兼容性强的藻类模块；最后，将微生物技术与藻类技术有机结合，形成一个有效的菌藻生态平台，充分利用不同生物物种的生物学特性，使生物净化系统的净化效率最大化。

4. 排污系统 高效排污技术得到迅速发展。为了防止生物滤器堵塞及大颗粒悬浮物破碎成超细悬浮颗粒，系统采用养殖池双排水设计，并结合颗粒收集器、沉淀装置及机械过滤器三种水处理装路，使悬浮颗粒物能及时排出养殖池，并通过沉淀、过滤等方式得以去除，降低其他水处理设备的负荷。

养殖污水处理，是循环水养殖技术发展中的一个重要课题。法国利用大型藻类净化养殖废水的系统，经净化后的养殖废水再回用至养殖池；丹麦采用在养殖池之间设生物净化器的方式，将养殖污水进行处理后再排放；同时，循环水养殖技术先进的发达国家也根据各自的水处理技术特点，开发出一些体积小、成本低、处理污水能力强的新型养殖污水处理设备。

（三）水质监测系统

养殖环境监控技术得到有效运用。目前，较先进的循环水养殖场均采用了自动化监控装备，通过收集和分析有关养殖水质和环境参数数据，如溶解氧（DO）、pH 、温度（T）、总氨氮（TAN）、水位、流速和光照周期等，结合相应的报警和应急处理系统，对水质和养殖环境进行有效的实时监控，使循环水养殖水质和环境稳定可靠。部分养殖场还采用计算机图像处理系统监控养殖生物，通过获取鱼的进食、游速、体色等实时情况，利用专家系统自动调整饲料投放量，以获得最佳的饲料转化率。

对养殖水质的监测，为调整工厂化养殖系统的管理提供参考依据。由于对虾养殖的规格变化，养殖系统中各模块运作的独立性，再加上养殖水质指标变化的渐变性，决定了水质检测点分散，检测时限宽的特点。因此，在有的对虾工厂化养殖系统中，会配置自动采样检测的多参数检测系统，通过对管路内水体的水质参数检测，实现养殖系统内的自动巡测、循环或阶段性监测。有的简易式工厂化养殖系统为降低建设成本，也可采用人工阶段性水质采样跟踪的方法，对养殖系统中各模块进、出水的水质参数进行监测。根据既定的水质参数参考规范，及时对整个工厂化养殖系统进行合理调节，以达到平稳、高效的生产目的（图 8-1）。

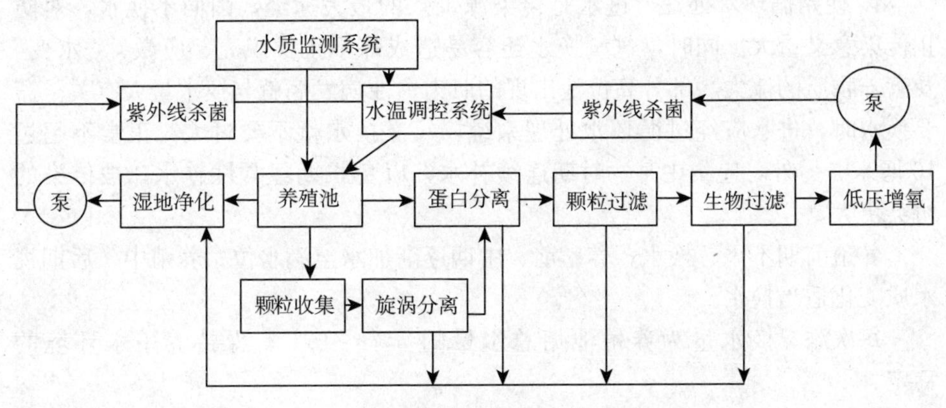

图 8-1 对虾循环水养殖工艺技术流程图

三、养殖技术

（一）虾苗放养前的准备工作

按漂白粉（有效氯含量25%以上）用量100千克/亩，彻底喷洒虾池。

消毒24小时后，即可注入新水50厘米，并进蓄水池专门培养的“肥水”。以后，每天缓缓注入新水至水位1.2米左右时，待水色较为稳定，透明度40～60厘米。

（二）苗种的选择和放养

虾苗至养成，一般通过3个阶段进行养殖。

虾苗选用无病毒或无特定病毒苗。肉眼观察，健康虾苗群体发育整齐，肌肉饱满透明，附肢中色素正常，胃肠充满食物，游动活泼，逆游能力强，无外部寄生物及附着污物。虾苗个体1厘米左右。

虾苗经培育池培育，达3～4厘米后放入二级池养殖，达6～7厘米后再放入三级池养殖。

放苗密度为，南美白对虾大规格苗种以30万～60万尾/亩的密度放养，该密度是露天精养池放养密度的3～5倍。

（三）保持水质稳定，提高池水的净化能力

1. 使用循环水处理 进水是传染源带入的最大途经，因而不换水，对防止传染意义重大。同时，过量换水还容易造成虾不正常蜕壳、应激、“水变”及营养物质的流失，部分高位池出现的肌肉白浊病发病就与换水量大有关。需要换水时，进水应经过循环水处理系统，每次换水量不要过大，正常不超过10厘米。另外，应集中某一时期连续补水，以免长期经常性补水，被传染的机会更大。

养殖前期不添、换水；养殖前、中期逐渐加水至满水位；养殖中、后期视水质变化适当换水。

每次添、换水量为养殖池塘总水量的5%～15%，保持养殖水环境的稳定。

水源经过过滤、沉淀或消毒后再进入虾池，避免水源带来的污染和病原。

2. 定向培养硅藻等有益藻类 硅藻个体较大，易消化，净水能力强，易

于沉底可被虾类充分利用，是养虾池理想的藻类。绿藻在养殖初期及水质不稳定时易出现，可作为硅藻为优势种的补充。

藻类有较强的净水能力，丰富的藻类即保持较高的肥度是净水基础。藻类丰富不仅提高水体的净水能力，而且产氧能力强，同时，硅藻等为虾提供良好的饵料。

3. 充足增氧，提高水体的氧化能力　充足的氧气，是水质稳定及虾快速生长的必要条件。提高增氧效率的途径：①改进增氧方式，改立体式增氧代替单一增氧，改纳米式充气管代替充气砂头或穿孔式充气管道，以提高增氧效率；②提高给氧物质的浓度，改充纯氧代替充空气；③降低水体的表面张力，增加氧气的溶解速度。

4. 底充充气，以保持下层水体有适度的“活性”污泥　藻类在水上层净水，而下层则靠微生物净水。当底泥沉在池底时，表面有少量的微生物，其净水能力很弱。当底层充气后底泥悬在水体中，每个泥土颗粒的表面就有大量的微生物包裹，形成“活性污泥”，其净水能力提高数千倍，可见水体下层保持适度的“活性”污泥，对提高池塘净水能力意义重大。

5. 调控养殖环境

（1）*定期施用芽孢杆菌*　养殖过程每隔 7 天左右追施 1 次芽孢杆菌，直到收获，强化有益微生态的功效。芽孢杆菌用量为 10^3 CFU/毫升，可为首次用量的 50%。

（2）*适当施用光合细菌或乳酸杆菌*　根据水质状况和气候变化，及时施用光合细菌或乳酸杆菌调节良好水质。光合细菌用量 10^3CFU/毫升，乳酸杆菌用量 10^4CFU /毫升。

（3）*适当施用沸石粉等环境改良剂*　根据水质状况和气候变化，施用沸石粉、过氧化钙、腐殖酸和增氧剂等改善水环境质量。

6. 饲料投喂　选用品牌厂商生产的优质南美白对虾配合饲料，配合饲料日投饲量为虾池存塘重量的 1%～5%。实际根据水温和天气情况、水质状况、蜕壳期等，来确定具体投喂量。

7. 巡池观察　每天早、中、晚各巡池 1 次，观察中央排污口漏水情况、水质、水色、对虾活动及分布、摄食及饲料残留情况。巡池时尽量减少对对虾的惊吓，及时对病、死虾进行处理并分析病、死因。

四、收获

对虾养殖受气候、天气和市场因素影响明显，生产中要注意规避风险，抓住市场时机，适时收获，以获得理想的经济效益。

一般采用将水排到 1/3 处，通过拉网收虾。

每一茬收完虾，对虾池进行整池、冲洗、晒池处理。

参考文献

包永胜，蒋天明．2010．南美白对虾混养罗氏沼虾模式研究［J］．渔业致富指南，1：56－58．

蔡强，黄天文，李亚春，等．2009．卵形鲳鲹与南美白对虾池塘混养技术［J］．中国水产，11：33－35．

曹煜成，李卓佳，冯娟，等．2007．地衣芽孢杆菌De株之胞外产物对凡纳滨对虾淀粉酶活性影响的体外实验［J］．台湾海峡，5：36－540．

曹煜成，李卓佳，贾晓平，等．2006．对虾工厂化养殖的系统结构［J］．南方水产，2（3）：72－76．

曹煜成，李卓佳，林小涛，等．2010．地衣芽孢杆菌De株对凡纳滨对虾粪便的降解效果［J］．热带海洋学报，29（4）：125－131．

曹煜成，李卓佳，杨莺莺，等．2007．浮游微藻生态调控技术在对虾养殖应用中的研究进展［J］．南方水产，3（4）：70－73．

曹煜成，李卓佳，朱长波，等．2013．施用芽孢杆菌对滩涂土池养殖凡纳滨对虾数量生长特性的影响［J］．广东农业科学，40（10）：125－130．

岑仁勇．2014．南美白对虾与罗非鱼混养技术［J］．渔业致富指南，6：43－45．

查广才，周昌清，黄建容，等．2004．凡纳对虾淡化养殖虾池微型浮游生物群落及多样性［J］．生态学报，24（8）：1752－1759．

陈佳荣．1998．水化学［M］．北京：中国农业出版社．

陈楠生，李新正，译．1992．对虾生物学［M］．青岛：青岛海洋大学出版社．

陈鹏，王猛，任志新．2002．南美白对虾淡化养殖中的鱼虾混养模式［J］．中国水产，4：46－47．

陈文，李色东，何建国．2006．对虾养殖质量安全管理与实践［M］．北京：中国农业出版社．

褚丕玉．2003．内陆地区池塘淡水养殖南美白对虾应注意的几个问题［J］．中国水产，3：52－54．

丁贤，李卓佳，陈永青，等．2004．芽孢杆菌对凡纳对虾生长和消化酶活性的影响［J］．

中国水产科学，11 (6)：580-584.

丁贤，李卓佳，陈永青，等.2007.中草药对凡纳对虾生长和消化酶活性的影响［J］.湛江海洋大学学报，27 (1)：22-27.

董乔仕，吴成云.2012.南美白对虾与罗氏沼虾生态混养技术［J］.水产养殖，11：28-29.

管世权，梁建文，朱建洪，等.2009.珠三角地区凡纳滨对虾多茬养殖技术［J］.广东农业科学，2：73-76.

郭皓，于占国.1996.虾池浮游植物群落特征及其与虾病的关系［J］.海洋科学，1：39-451.

郭志勋，李卓佳，管淑玉，等.2011.抗对虾白斑综合征病毒（WSSV）中草药的筛选及番石榴叶水提取物对WSSV致病性的影响［J］.广东农业科学，38 (21)：129-131.

韩宁.2012.养殖对虾高位池中微生物群落及关键水质因子的动态变化［D］.大连海洋大学.

何建国，莫福.1999.对虾白斑综合征病毒暴发流行与传播途径、气候和水体理化因子的关系及其控制措施［J］.中国水产，7：34-41.

何建国，周化民，姚伯，等.1999.白斑综合征杆状病毒的感染途径和宿主种类［J］.中山大学学报，38 (2)：65-69.

何欣.2003.动物营养与饲料［M］.北京：中央广播电视大学出版社.

洪敏娜，杨莺莺，梁晓华，等.2014.江蓠与有益菌协同净化养殖废水效果的研究［J］.中国渔业质量与标准，4 (1)：33-37.

胡鸿钧.2011.水华蓝藻生物学［M］.北京：科学出版社.

胡晓娟，李卓佳，曹煜成，等.2010.强降雨对粤西凡纳滨对虾养殖池塘微生物群落的影响［J］.中国水产科学，17 (5)：987-995.

胡晓娟，李卓佳，曹煜成，等.2012.强天气干扰条件下粤西凡纳滨对虾养殖池塘细菌群落动态特征［J］.南方水产科学，8 (5)：52-59.

黄朝禧.2005.水产养殖工程学［M］.北京：中国农业出版社.

黄倢，于佳，王秀华，等.1995.单克隆抗体酶联免疫技术检测对虾皮下及造血组织坏死病的病原其传播途径［J］.海洋水产研究，16 (1)：40-50.

黄翔鹄，王庆恒.2002.对虾高位池优势浮游植物种群与成因研究［J］.热带海洋学报，21 (4)：36-44.

黄忠，林黑着，李卓佳，等.2013.复方中草药投喂策略对凡纳滨对虾生长、消化及非特异性免疫功能的影响［J］.南方水产科学，9 (5)：37-43.

姜令绪，潘鲁青，肖国强.2004.氨氮对凡纳对虾免疫指示的影响［J］.中国水产科学，11 (6)：537-541.

蒋静，吴格天.2004.南美白对虾养殖技术之二，南美白对虾淡化标粗技术要点［J］.中

国水产，10：56－57
李爱杰.2002. 水产动物营养与饲料学［M］. 北京：中国农业出版社.
李才文，管越强，于仁诚.2003. 赤潮异弯藻对中国对虾感染白斑综合征病毒的影响［J］. 海洋学报，25（1）：132－137.
李才文，管越强，俞志明.2002. 盐度变化对日本对虾暴发白斑综合症病毒病的影响［J］. 海洋环境科学，21（4）：6－9.
李德尚.1993. 水产养殖手册［M］. 北京：中国农业出版社.
李继秋，谭北平，麦康森.2006. 白斑综合征病毒与凡纳滨对虾肠道菌群区系之间关系的初步研究［J］. 上海水产大学学报，15（1）：109－113.
李色东，曹煜成，李卓佳，等.2007. 湛江海区海马齿（*Sesuvium portulacastrum*）根、茎生长特性的初步研究［J］. 湛江海洋大学学报，26（6）：21－25.
李生，黄德平.2003. 对虾健康养成使用技术［M］. 北京：海洋出版社.
李奕雯，曹煜成，李卓佳，等.2008. 养殖水体环境与对虾白斑综合征关系的研究进展［J］. 海洋科学进展，26（4）：532－538.
李奕雯，李卓佳，曹煜成，等.2010. 对虾高密度养殖后期水质因子的昼夜变化规律［J］. 南方水产，6（6）：26－31.
李卓佳，蔡强，曹煜成，等.2012. 南美白对虾高效生态养殖新技术［M］. 北京：海洋出版社.
李卓佳，曹煜成，陈永青，等.2006. 地衣芽孢杆菌 De 株的胞外产物对凡纳滨对虾脂肪酶活性影响的体外实验［J］. 高技术通讯，16（2）：191－195.
李卓佳，曹煜成，文国樑，等.2005. 集约式养殖凡纳滨对虾体长与体重的关系［J］. 热带海洋学报，24（6）：67－71.
李卓佳，陈永青，杨莺莺，等.2006. 广东对虾养殖环境污染及防控对策［J］. 广东农业科学，6：68－71.
李卓佳，贾晓平，杨莺莺，等.2007. 微生物技术与对虾健康养殖［M］. 北京：海洋出版社.
李卓佳，冷加华，杨铿.2009. 轻轻松松学养对虾［M］. 北京：中国农业出版社.
李卓佳，冷加华，杨铿.2010. 轻轻松松学养对虾［M］. 北京：中国农业出版社.
李卓佳，李奕雯，曹煜成，等.2009. 对虾养殖环境中浮游微藻、细菌及水质的关系［J］. 广东海洋大学学报，29（4）：95－98.
李卓佳，林黑着，郭志勋，等.2007. 中草药对斑节对虾生长、饲料利用和肌肉营养成分的影响［J］. 南方水产，（3）：20－24.
李卓佳，林亮，杨莺莺，等.2007. 芽孢杆菌制剂对虾池环境微生物群落的影响［J］. 农业环境科学学报，26（3）：1183－1189.
李卓佳，罗勇胜，文国樑.2007. 细基江蓠繁枝变种与益生菌净化养殖废水的研究［J］.

热带海洋学报，26（3）：72－75.

李卓佳，罗勇胜，文国樑．2008. 细基江蓠繁枝变种（*Gracilarla tenuistipitata* Var. liui）与有益菌协同净化养殖废水趋势研究［J]，海洋环境科学，27（4）：324－330.

李卓佳，杨铿，冷加华，等．2008. 水产养殖池塘的主要环境因子及相关调控技术［J］. 海洋与渔业，8：29－30.

李卓佳，虞为，朱长波，等．2012. 对虾单养和对虾-罗非鱼混养试验围隔氮磷收支的研究［J］. 安全与环境学报，12（4）：50－55.

李卓佳，张汉华，郭志勋，等．2005. 虾池浮游微藻的种类组成、数量和多样性变动［J］. 湛江海洋大学学报（3）：33－38.

李卓佳，张庆，陈康德，等．2001. 有益微生物防治养虾池夜光藻的初步研究［J］. 湛江海洋大学学报，21（增刊）：11－13.

李卓佳，周海平，杨莺莺，等．2008. 乳酸杆菌 LH 对水产养殖污染物的降解研究［J］. 农业环境科学学报，27（1）：342－349.

梁伟峰，陈素文，李卓佳，等．2009. 虾池常见微藻种群温度、盐度和氮、磷含量生态位［J］. 应用生态学报，20（1）：223－227.

梁晓华，杨莺莺，李卓佳，等．2008. 芽孢杆菌 K1 降解亚硝酸盐的研究［J］. 海洋环境科学，27（3）：228－230，235.

林黑着，李卓佳，陆鑫，等．2011. 复方中草药饲喂时间对凡纳滨对虾硝化和免疫酶活性的影响［J］. 饲料工业，32（2）：11－14.

林亮，李卓佳，郭志勋，等．2005. 施用芽孢杆菌对虾池底泥细菌群落的影响［J］. 生态学杂志，24（1）：26－29.

林文辉，译．2004. 池塘养殖水质［M］. 广州：广东科技出版社.

刘福林．2003. 内陆地区养殖南美白对虾存在的问题及发展对策［J］. 福建水产，1：57－58.

刘洪军，王颖，李邵彬，等．2006. 海水虾类健康养殖技术［M］. 青岛：中国海洋大学出版社.

刘萍，孔杰，李健，等．2001. 白斑综合征病毒（WSSV）对中国对虾卵及各期幼体人工感染的试验研究［J］. 海洋水产研究，22（1）：1－6.

刘少英，朱长波，文国樑，等．2012. 凡纳滨对虾在半集约化土池养殖模式下的生长特性分析［J］. 广东农业科学，39（9）：9－13.

刘孝竹，曹煜成，李卓佳，等．2011. 高位虾池养殖后期浮游微藻群落结构特征［J］. 渔业科技进展，32（3）：84－91.

刘孝竹，李卓佳，曹煜成，等．2009. 低盐度养殖池塘常见浮游微藻的种类组成、数量及优势种群变动［J］. 南方水产，5（1）：9－16.

刘孝竹，李卓佳，曹煜成，等．2009. 珠江三角洲低盐度虾池秋冬季浮游微藻群落结构特征

的研究 [J]. 农业环境科学学报, 28 (5): 1010-1018.

卢连明. 2011. 南美白对虾与鲻鱼兑淡混养技术 [J]. 福建农业, 12: 26-27.

罗俊标, 骆明飞, 盘润洪, 等. 2005. 南美白对虾淡水池塘简易温棚冬季养殖高产技术 [J]. 中国水产, 11: 30-31.

罗亮, 李卓佳, 张家松, 等. 2011. 对虾精养池塘碳、氮和异养细菌含量的变化及其相关性研究 [J]. 南方水产科学, 7 (5): 24-29.

罗亮, 张家松, 李卓佳. 2011. 生物絮团技术特点及其在对虾养殖中的应用 [J]. 水生态学杂志, 32 (5): 129-133.

罗勇胜, 李卓佳, 杨莺莺, 等. 2006. 光合细菌与芽孢杆菌协同净化养殖水体的研究 [J]. 农业环境科学学报, 25 (增刊): 206-210.

马建新, 刘爱英, 宋爱芹. 2002. 对虾病毒病与化学需氧量的相关关系研究 [J]. 海洋科学, 26 (3): 68-71.

马良骁, 冯宪斌, 韦新兰, 等. 2014. 湖北地区南美白对虾养殖现状分析及展望 [J]. 渔业致富指南, 5: 45-47.

麦贤杰, 黄伟健, 叶富良, 等. 2009. 对虾健康养殖学 [M]. 北京: 海洋出版社.

米振琴, 谢骏, 潘德博, 等. 1999. 精养虾池浮游植物、理化因子与虾病的关系 [J]. 上海水产大学学报, 8 (4): 304-308.

潘鲁青, 姜令绪. 2002. 盐度、pH 突变对 2 种养殖对虾免疫力的影响 [J]. 青岛海洋大学学报, 32 (6): 903-910.

彭聪聪, 李卓佳, 曹煜成, 等. 2011. 凡纳滨对虾半集约化养殖池塘浮游微藻优势种变动规律及其对养殖环境的影响 [J]. 海洋环境科学, 30 (2): 193-198.

彭聪聪, 李卓佳, 曹煜成, 等. 2011. 粤西凡纳滨对虾海水滩涂养殖池塘浮游微藻群落结构特征 [J]. 渔业科技进展, 32 (4): 117-125.

邱德全, 杨士平, 邱明生. 2007. 氨氮促使携带白斑综合征病毒凡纳滨对虾发病及其血细胞、酚氧化酶和过氧化氢酶变化 [J]. 渔业现代化 (1): 36-39.

曲克明, 李勃生. 2000. 对虾养殖生态环境的研究现状和展望 [J]. 海洋水产研究, 21 (3): 67-71.

宋盛宪, 何建国, 翁少萍. 2001. 斑节对虾养殖 [M]. 北京: 海洋出版社.

宋盛宪, 李色东, 陈丹, 等. 2013. 南美白对虾健康养殖技术 [M]. 北京: 化学工业出版社.

宋盛宪, 郑石轩. 2001. 南美白对虾健康养殖 [M]. 北京: 海洋出版社.

孙耀, 李锋, 李键, 等. 1998. 虾塘水体中浮游植物群落特征及其与营养状况的关系 [J]. 海洋水产研究. 19 (2): 45-51.

唐志坚, 张璐, 马学坤. 2008. 内陆水产. 卵形鲳鲹和南美白对虾池塘混养技术 [J]. 9: 38-39.

王吉桥，等 . 1997. 南美白对虾生物学研究与养殖 [M] . 北京：海洋出版社 .

王克行，马甡，李晓甫 . 1998. 试论对虾白斑病暴发的环境因子及防病措施 [J] . 中国水产，12：34 - 35.

王克行 . 1997. 虾蟹类增养殖学 [M] . 北京：中国农业出版社 .

王清印 . 2004. 海水设施养殖 [M] . 北京：海洋出版社 .

王少沛，李卓佳，曹煜成，等 . 2009. 微绿球藻、隐藻、颤藻的种间竞争关系 [J] . 中国水产科学，16 (5)：765 - 770.

王小平，李卓佳，王增焕，等 . 2001. 有益微生物对虾塘淤泥中有害物质的控制作用 [J] . 水产科技，3：28 - 29.

王奕玲，李卓佳，张家松，等 . 2012. 高位池养殖过程凡纳滨对虾携带 WSSV 情况和动态变化 [J] . 中国水产科学，19 (2)：301 - 309.

文国樑，曹煜成，李卓佳，等 . 2006. 芽孢杆菌合生素在对虾集约化养殖中的应用 [J] . 海洋水产研究，27 (1)：54 - 59.

文国樑，曹煜成，李卓佳，等 . 2007. 广东汕尾 1 年 3 茬池塘凡纳滨对虾健康养殖技术 [J]. 浙江海洋学院学报，26 (2)：173 - 178.

文国樑，曹煜成，孙志伟，等 . 2013. 广东省渔业科技现状与发展对策 [J] . 广东农业科学，40 (22)：217 - 221.

文国樑，李卓佳，曹煜成，等 . 2009. 对虾集约化养殖废水排放沟渠生态处理技术 [J] . 广东农业科学，9：16 - 18.

文国樑，李卓佳，曹煜成，等 . 2010. 凡纳滨对虾高位池越冬暖棚建造及养殖关键技术 [J]. 广东农业科学，12：143 - 145，152.

文国樑，李卓佳，冷加华，等 . 2009. 南美白对虾高效健康养殖百问百答 [M] . 北京：中国农业出版社 .

文国樑，李卓佳，冷加华，等 . 2012. 南美白对虾安全生产技术指南 [M] . 北京：中国农业出版社 .

文国樑，李卓佳，罗勇胜，等 . 2010. 尼罗罗非鱼与细基江篱繁枝变种综合净化养殖废水效果研究 [J] . 渔业现代化，37 (1)：11 - 14.

文国樑，李卓佳，张家松，等 . 2011. 凡纳滨对虾病毒病防控技术 [J] . 广东农业科学，38 (18)：112 - 115.

文国樑，林黑着，李卓佳，等 . 2012. 饲料中添加复方中草药对凡纳滨对虾生长、消化酶和免疫相关酶活性的影响 [J] . 南方水产科学，8 (2)：58 - 63.

文国樑，于明超，李卓佳，等 . 2009. 饲料中添加芽孢杆菌和中草药制剂对凡纳滨对虾免疫功能的影响 [J] . 上海海洋大学学报，18 (2)：181 - 184.

吴琴瑟 . 2007. 对虾健康养殖大全 [M] . 北京：中国农业出版社 .

谢立民，林小涛，许忠能，等 . 2003. 不同类型虾池的理化因子及浮游植物群落的调查

[J]. 生态科学，22 (1)：34 - 47.

谢林荣，何家才，倪庆胜 . 2012. 南美白对虾与斑点叉尾混养高效养殖技术 [J] . 水产养殖，2：35 - 37

杨铿，文国樑，李卓佳，等 . 2008. 对虾养殖过程中常见的不良水色和处理措施 [J] . 海洋与渔业，6：29.

杨铿，文国樑，李卓佳，等 . 2008. 对虾养殖过程中常见的优良水色和养护措施 [J] . 海洋与渔业，6：28.

杨清华，郭志勋，林黑着，等 . 2011. 复方中草药添加浓度和投喂策略对凡纳滨对虾抗白斑综合征病毒 (WSSV) 能力的影响 [J] . 黑龙江畜牧兽医，2：142 - 145.

杨莺莺，曹煜成，李卓佳，等 . 2009. PS1 沼泽红假单胞菌对集约化对虾养殖废水的净化作用 [J] . 中国微生态学杂志，21 (1)：4 - 6.

杨莺莺，李卓佳，林亮，等 . 2006. 人工饲料饲养的对虾肠道菌群和水体细菌菌群的研究 [J] . 热带海洋学报，25 (3)：53 - 56.

杨越峰，吴秀芹，王宁，等 . 2006. 南美白对虾与罗非鱼混养试验 [J] . 河北渔业，4：40 - 41.

姚泊，何建国 . 2002. 温度对白斑综合征杆状病毒致病力的影响 [J] . 广州大学学报，1 (4)：17 - 19.

叶乐，林黑着，李卓佳，等 . 2005. 投喂频率对凡纳滨对虾生长和水质的影响 [J] . 南方水产，1 (4)：55 - 59.

叶素兰 . 2004. 影响南美白对虾淡水养殖成活率的因素分析 [J] . 中国水产，5：41 - 42.

于明超，李卓佳，林黑着，等 . 2010. 饲料中添加芽孢杆菌和中草药制剂对凡纳滨对虾生长及肠道菌群的影响 [J] . 热带海洋学报，29 (4)：132 - 137.

余开，周燕侠 . 2014 . 生物防控提高南美白对虾养殖成功率 [J] . 科学养鱼，3：13 - 17.

虞为，李卓佳，王丽花，等 . 2013. 对虾单养和对虾-罗非鱼混养试验围隔水质动态及产出效果的对比 [J] . 中国渔业质量与标准，3 (2)：89 - 97.

虞为，李卓佳，朱长波，等 . 2011. 凡纳滨对虾池塘设置网箱养殖罗非鱼研究 [J] . 广东农业科学，38 (15)：4 - 8.

袁翠霖，李卓佳，杨莺莺，等 . 2010. 芽孢杆菌制剂对养殖前期罗非鱼池塘微生物群落代谢功能的影响 [J] . 生态学杂志，29 (12)：2464 - 2470.

张家松，李卓佳，陈义平，等 . 2010. 环介导等温扩增法 (LAMP) 在水生动物病害检测中的应用 [J] . 中国动物检疫，27 (2)：71 - 73.

张庆，李卓佳，陈康德 . 1998. 活性微生物对斑节对虾生长和品质的影响 [J] . 华南师范大学学报 (自然科学版)，(增刊)：19 - 22.

张晓阳，李卓佳，张家松，等 . 2013. 碳菌调控对凡纳滨对虾试验围隔养殖效益的影响 [J]. 广东农业科学，40 (1)：131 - 135.

周化民，何建国，莫福，等.2001. 斑节对虾白斑综合征暴发流行与水体理化因子的关系［J］. 厦门大学学报，40（3）：775－781.

朱建中，陆承平.2001. 对虾白斑综合征病毒在螯虾动物模型的感染特性［J］. 水产学报，25（1）：47－51.

Chang C F，Su M S，Chen H Y，et al.，1999. Effect of dietary beta-1，3-glucan on resistance to white spot syndrome virus（WSSV）in post larval and juvenile Penaeus monodon［J］. Diseases of Aquatic Organisms，36：163－168.

Chanratchakool P，Phillips M J. 2002. Social and economic impacts and management of shrimp disease among small-scale farmers in Thailand and Viet Nam［J］. FAO Fisheries Technical Paper（406）：177－189.

Chen F Z，Xie P，Tang H J，et al.，2005. Negative effects of Microcystis blooms on the crustacean plankton in an enclosure experiment in the subtropical China［J］. Journal of Environmental Sciences，17（5）：775－781.

Chuntapa B，Powtonsook C，Menasveta P. 2003. Water quality control using Spirulina platensis in shrimp culture tanks［J］. Aquaculture，220：355－366.

Citarasu T，Sivaram V，Immanue G，et al.，2006. Influence of selected Indian immunostimulant herbs against white spot syndrome virus（WSSV）infection in blacktiger shrimp，Penaeus monodon with reference to haematological，biochemical and immunological changes［J］. Fish Shellfish Immunol，21（4）：372－384.

Cock J，Gitterle T，Salazar M，et al.，2009. Breeding for disease resistance of penaeid shrimps［J］. Aquaculture，286：1－11.

Dee M B，Albert G J，Bonnie P，et al.，2007. Reduced replication of infectious hypodermal and hematopoietic necrosis virus（IHHNV）in Litopenaeus vannamei held in warm water［J］. Aquaculture，265（1－4）：41－48.

Drand S V，Lightner D V. 2002. Quantitative realtime PCR for the measurment of white spot syndrome virus in shrimp［J］. Journal of Fish Diseases，25：381－389.

Du H H，Li W F，Xu Z R，et al.，2006. Effect of hyperthermia on the replication of white spot syndrome virus（WSSV）in Procambarus clarkii［J］. Diseases of Aquatic Organisms，71（2）：175－178.

Feuga A M. 2000. The role of microalgae in aquaculture：situation and trends［J］. Journal of applied phycology. 12：527－534.

Gao H，Kong J，Li Z J，et al.，2011. Quantitative analysis of temperature，salinity and pH on WSSV proliferation in Chinese shrimp Fenneropenaeus chinensis by real-time PCR［J］. Aquaculture，312：26－31.

Gatesoupe F J. 1999. The use of probiotics in aquaculture［J］. Aquaculture，160：177－203.

Inouye K，Miwa S，Oseko N，et al.，1994. Massmortalities of cultured kuruma shrimp，Penaeus japonicus，in Japan in 1993：electron microscopic evidence of the causative virus [J]. Fish Pathology，29：149 - 158.

Johnston D，Lourey M，Tien D V，et al.，2002. Water quality and plankton densities in mixed shrimp-mangrove forestry farming systems in Vietnam [J]. Aquaculture Research，33 (10)：785 - 798.

Lightner D V. 1996. A handbook of pathology and diagnostic procedures for diseases of penaeid shrimps [M]. Baton Rouge，LA：World aquaculture society.

Lin H Z，Guo Z X，Yang Y Y，et al.，2004. Effect of dietary probiotics on apparent digestibility coefficients of nutrients of white shrimp Litopenaeus vannamei Boone [J]. Aquaculture research，35：1441 - 1447.

Lin H Z，Li Z J，Chen Y Q，et al.，2006. Effect of dietary traditional Chinese medicines on apparent digestibility coefficients of nutrients for White Shrimp Litopenaeus vannamei，Boone [J]. Aquaculture，253：495 - 501.

OIE. 2006. Manual of diagnostic tests for aquatic animals [M]. CHAPTER 2. 3. 2. White spot disease.

Rahman M MEscobedo C M，Corteel M，et al.，2006. Effect of high water temperature (33 degrees C) on the clinical and virological outcome of experimental infections with white spot syndrome virus (WSSV) in specific pathogen-free (SPF) Litopenaeus vannamei [J]. Aquaculture，261 (3)：842 - 849.

Ryncarz A J，Goddardet J，Wald A，et al.，1999. Development of a high-throughput quantitative assay for detecting herpes simplex virus DNA in clinical samples [J]. Journal of Clinical Microbiology，37：1941 - 1947.

Tendencia E A，Bosma R H，Verreth J A J. 2011. White spot syndrome virus (WSSV) risk factors associated with shrimp farming practices in polyculture and monoculture farms in the Philippines [J]. Aquaculture，311：87 - 93.

Tookwinas S，Songsangjinda P. 1999. Water quality and phytoplankton communities in intensive shrimp culture ponds in Kung Krabaen Bay，eastern Thailand [J]. Journal of the world aquaculture society，30 (1)：36 - 45.

Wang Y G，Hassan M D，Shariff M，et al.，1999. Histopathology and cytopathology of white spot syndrome virus (wssv) in cultured Penaeus monodon from peninsular Malaysia with emphasis on pathogenesis and the mechanism of white spot formation [J]. Diseases of Aquatic Organisms，39 (1)：1 - 11.

Yu M C，Li Z J，Lin H Z，et al.，2008. Effects of dietary Bacillus and medicinal herbs on growth，digestive enzyme activity and serum biochemical parameters of shrimp Litopenaeus vannamei [J] . Aquaculture international, 16: 471 - 480.

Yu M C, Li Z J, Lin H Z, et al. , 2009. Effects of dietary medicinal herbs and Bacillus on survival, growth, body composition, and digestive enzyme activity of the white shrimp Litopenaeus vannamei [J] . Aquaculture international, 17: 377 - 384.

Yusoff F M, Matias H B, Khalid Z A. , et al. , 2001. Culture of microalgae using interstitial water extracted from shrimp pond bottom sediments [J] . Aquaculture, 201: 263 - 270.

图书在版编目（CIP）数据

南美白对虾高效养殖模式攻略/文国樑主编．—北京：中国农业出版社，2015.5（2016.12.重印）
（现代水产养殖新法丛书）
ISBN 978-7-109-20164-4

Ⅰ.①南… Ⅱ.①文… Ⅲ.①对虾养殖 Ⅳ.①S968.22

中国版本图书馆CIP数据核字（2015）第029403号

中国农业出版社出版
（北京市朝阳区麦子店街18号楼）
（邮政编码100125）
责任编辑 林珠英 黄向阳

北京中科印刷有限公司印刷 新华书店北京发行所发行
2015年5月第1版 2016年12月北京第2次印刷

开本：720mm×960mm 1/16 印张：14
字数：240千字
定价：35.00元